デイビッド・ウォルトナー＝テーブズ［著］　片岡夏実［訳］

排泄物と文明

フンコロガシから有機農業、
香水の発明、パンデミックまで

築地書館

「……すべての偏見は腸に発する」
——フリードリヒ・ニーチェ

本書をブルース・ハンター（1950.8.3 ～ 2011.10.19）に捧げる。
彼はわが友、わが同僚、農民、獣医師、エコヘルスの先駆者、地球市民、
ウンコを本当に知る男だった。
その不在を悲しむ。

目次

序章　フンコロガシと機上の美女

　私たちを乗せた単発四人乗りの飛行機が短い滑走路をなめるように降下すると、のっぽのキリン、サル、インパラが赤い土の上を跳ねまわり、草原の木の下に逃げ込んだ。それからの数日、サファリ・トラックから、私たちはライオンの親子が車の影の中で子猫のように遊ぶのを見た。耳を大きく広げた巨大な雌ゾウに突進された。「威嚇している。じっとして」ガイドは言った。私たちは身を固くした。ゾウは二〇メートル先で急に止まり、向きを変えて家族のほうへとゆっくりと去っていった。私たちは少しずつ緊張を解いた。ジントニックを呑みながら、カバが川の中でのらくら過ごすのを見た。夜には彼らのうなり声と小屋の脇を歩くドタドタという音が聞こえた。夕食後、ランタンと槍を手にしたマサイ族のガイドに案内されて小屋に戻るとき、ハイエナが闇の中に去っていくのがちらりと見えた。ハチクイ——緑と白と黒が目にも鮮やかな鳥——が、川に沿った土崖の小さな横穴に勢いよく出入りするのを横目に、私たちのボートは通り過ぎていった。コウノトリ、セイタカシギ、ヘラサギ、シギが浅瀬を優雅に歩いていた。

　俗世を離れたサファリの五日目か六日目、昼近くの焼けるような熱気の中、てっぺんが平たいテルミナリア・スピノサ（沈む夕日を背景によく被写体になる、典型的なアフリカの木）の灰色の枯れ木と、ねじ曲がった深緑の灌木にはさまれて、緑の縞の入った麦わら色の草が広がっているその中を、私たち一〇人は二人のガイドについて歩いていった。アフリカ全土でもっとも驚きと多様性に満ちあふれる自然公園、タンザニアのセルー動物保護区は乾期だった。私を除くグループのほとんど全員が、ゾウやライオンやアフリカスイギュウやイボイノシシを警戒し、出くわしたときに逃げる車がないので神経をぴりぴりさせていた。この緊張はガイドの一人のムパトが、必要とあれば怒れる巨獣をも叩き伏せる大型ライフル銃を担いでいたことで、いやが上にも高まった。

私がガイドを独占して動物の糞を探すのを手伝わせていたことも、他の参加者がうんざりしていた理由だった。アフリカまでウンコを見に来るなんて、どこのバカだ？　いや、私は獣医なんだ。おかしくはないだろう？

湖のように幅広いルフィジ川から離れたところに山になった小さな白い糞は、たぶんハイエナのものだ。白い色が肉食獣のものであることを示している。噛み砕かれた餌食の骨が熱い陽光にさらされて白くなったのだ。湖の近くのやはり白い山（つまり肉食獣のもの）は、ワニのものだろう。山盛りの小さな粒は雄のインパラによる縄張りの印であり、植物にとって窒素とリンの供給源になる。雌のインパラの糞は少しずつ撒き散らされ、その主の存在をあまり言いふらさない。スイギュウの糞は家畜のウシに似た平たく丸い塊だが、もっとしっかりしている。シマウマの糞は、大方の予想通り、ウマらしく楕円形でスイギュウの糞より色が濃い。道に落ちているカバの糞はゾウのものに似て、大きなソーセージのような円筒形だが、もっと水っぽくて繊維が少ない。水分が多ければ栄養分の濃度は低くなる、つまり他の生物の食料源として、ゾウの糞ほど魅力がないということになる。また繊維の密度が低いということは、カバの糞は紙を作るのにゾウの糞ほど向いていないということだ。目がよく見えないカバは、ヘンゼルとグレーテルが帰り道がわかるように、おいしいパンくずを落としていった（うまくいかなかったが）のと同じ方式をとる。夜中に餌をあさりに出かけるとき、川岸へと戻る道が見つけられるように、川からの道筋に糞で目印をつけるのだ。こうすることでカバは、養分を水中から陸上へと移動させ、水中で排泄するときには（水中でもする）また水域へと戻しているわけだ。

タンザニアの獣道で見た糞はそれぞれ、動物のこと、動物が環境に占める生態学的な位置のこと、動物がいかにして（植物を食べ、踏み跡をつけ、種子を運ぶといったことで）環境を物理的に変えてきたかを私に教えてくれた。それでも、動物の糞を見るだけではまだ何となく物足りなかった。同行のサファリ客（そのほとんどは新婚旅行客だった）はうんざり顔だったが、私が本当に見たかったのは、荒れ野の女王——糞虫だった。最初私は、文字通りクソを喰らう生き物がいることを何となく面白がっていたのだと思う。どんな姿形なんだろう？　どんな風に食べるんだろう？

散歩のあと、私がテントへ戻ろうとしていると、ガイドの一人エドゥアルトが後ろから走ってきた。キャンプの近くで糞虫が数匹、せっせと働いているのを彼とムパトが見つけたのだ！　妙なことに、彼がこの驚くべき発見を報告すると、他の客は姿を消した。

「行ってくれれば」と妻は言った。「私は読まなくちゃならないものがあるから」。

「もったいないなあ」ムパトが猟銃を手にゾウの糞の山の番をしている一〇〇メートル先まで、エドゥアルトのあとをついて歩きながら私は思った。私はムパトの隣にしゃがみ込んだ。陽光が照りつけ、背中の真ん中を汗が伝う。

顔には出さなかったが、私は自分が見たものにがっかりした。私は、一九七四年にある二人の研究者が記録した光景が再現されていることを、ひそかに期待していたのだ。その研究者は、一万六〇〇〇匹の糞虫が一・五キロのゾウの糞の山に襲いかかり、二時間で丸々全部を食べたり、地面に埋めたり、転がして持ち去ったりするのを観察していた。今の季節ならば、親指大の黒い甲虫が二匹、糞の山のまわりをちょこまか走っているのを見られただけでも望外の幸運であると、自分に言い聞かせねばならなかった。乾期の今、この地域の糞虫はほとんどすでに地下に引きこもり、テレビの前に座ってだらだらと再放送のバラエティー番組を見ているのだ。

二匹の甲虫の一匹は、塊をせっせと糞の山から引き下ろし、ボールの形に押し固めている。すぐそばで、もう一匹が忙しくそのボールを埋めている。この地下掘削行動のために砂土は上下していた。私たちは熱い日射しの下にしゃがみ込んで、甲虫が取り憑かれたように熱狂的に働くのを見ていた。ムパトとエドゥアルトは、私がなんでそんなものに興味を持つのか、さっぱりわからなかったかもしれないが、気をつかって顔には出さなかった。

クルミ大の糞の玉――甲虫の倍の大きさ――は完璧に仕上がったように私たちの目には見え、作業が終わったと思われた。だが甲虫はまた塊を引き下ろして、目にはわからない傷を埋めた。そしてようやく、甲虫は玉に尻を押し当て頭を地面につけ、転がして糞の山を離れ、坂を上り、小枝を乗り越えて進んでいった。懸命に枝を越えようとして転倒し、小さな溝に転げ落ち、それでも大きなボールにしがみついている。それから這い上がり、地形を見渡して、また玉を押し始めた。時たま土の中や落ち葉の下に潜り込み、戻っては再び押す。糞の山からほとんど上り坂になった八メートルほどを転がしてくると、ついに本気で穴を掘り始める。玉は落ち葉の中に沈んでいき、一、二度持ち上がってから、完全に見えなくなった。

糞の山のすぐ近くにいたもう一匹の甲虫は、もう一つ小振りな玉を作り、穴を掘り、玉を押し込み、また出てきてさらに糞を引き込んだ。どちらの虫もおそらく雄だ。雄は雌よりも力が強いので、たいてい転がす仕事をする。時には雄と雌が一緒に玉を転がし、地中に埋め、近くにトンネルを掘って交尾し、受精卵を玉の中に産みつける。もし別の雄がその雌と交尾をしようとやってくると、二匹の雄は戦い、互いに相手をトンネルから押し出そうとする。研究者によれば、こうした交尾相手をめぐる争いの結果、ある種の甲虫は自分の体重の一〇〇〇倍の重さを引っ張れるようになったという。人間で言えば、満員の二階建てバス六台を引っ張るようなものだ。男が異性にモテるためにジムに通うというのは、今に始まったことではないようだ。

私が見ている甲虫のまわりに、雌はいないようだ。おそらく産卵を済ませてしまったのだろう。あるいはもしかすると、彼らは独身で、愛に恵まれず、乾期が終わるまでの少しばかりの食料を貯えているのかもしれない。そうだとすると今観察しているのは、いささか胸の痛む光景ということになる。

虫たちの私的な事情がどうであれ、自分が見ているものは単に珍しいだけのものではないことに間違いはないと私は思った。この生き物たちは大量のエネルギーを使って、こうした栄養たっぷりの大きな獣糞ボールを作り、埋めているのだ。このエネルギーの使用は、個々の昆虫にとって幼虫の生存という意味で理にかなっているのと同時に、より広い視野からも理にかなっている。幼虫を育てるための栄養は環境をもはぐくみ、ゾウに食物をもたらす。ゾウは糞をし、それで糞虫の子どもは――そして他の多くの種も――乾期を生き抜くことができる。スカラブネットの糞虫エコロジー研究グループによる、二〇〇八年の糞虫の生態学に関する文献レビューは、さまざまな糞虫による栄養の循環、植物の成長促進、寄生虫の抑制、種子の散布への寄与を簡潔にまとめている。甲虫たちの働きには、報酬も賞賛もないけれど、世界の農業のために、寄生虫抑制、牧草地の改良、温室効果ガスの削減のような数億ドル相当の貢献をしているのだ。

南極を除くすべての大陸に、糞虫はいる。多くは特定の環境で活動するように適応しているだけでなく、食べる糞の種類に好みがある。例えばオーストラリアの糞虫は、有袋目の糞に慣れ親しんでいて、牛糞には関わろうとしなかった。ヨーロッパ人が入植してから二〇〇年近く経ち、ウシが飼われる地理的範囲と頭数が増えるにつれ、フンバエと臭いによる不快なできごと全般の問題も増えた。一九七〇年代、実験的に二〇種ほどのアフリカ産の糞虫が選ばれて移入された。サトウキビの害虫を駆除するためにオオヒキガエルを移入するという軽率な行為に比べれば、これはかなりうまくいった。糞虫たちは牛糞の状況をコントロールし、土壌と牧草地の質を改善するのに役立った。ただ残念なことに、ウシにつく害虫に対処する薬の使用が広まって、その作用で糞虫も死んでしまうので、そうした成果も今ではいくらか後退しているかもしれない。

我々と同様、糞虫はその身体的特徴、遺伝的特徴、行動によって分類することができる。タンザニアで私が観察したものは、タマオシコガネだった。彼らは卵を糞で包み、土に埋める。幼虫は孵化すると、まわりの糞を食べる。それは間違いなく、糞そのものがエネルギーと栄養を豊富に含んでいることを意味する。そのエネルギーと栄養は、餌として利用されなければ環境に漏れだしていたものだ。糞玉は必ずしも私が見たような小さく扱いやすいものとは限らない。インド産のある種のスカラべが作る玉は、昔の石の砲弾と間違えられていた。甲虫が玉のまわりを粘土で覆って、それが固まっていたためだ。穴掘り型の虫は糞を埋め、もっとも無精な種類の住み着き型は、中に住んでしまう。種によっては、近所の虫が大きな玉を丸めているのをうろつきながら見張り、その虫が急いで糞を取りにいった隙に、玉を盗んでしまうのだ!

甲虫とその習性を研究する甲虫学者の間でも、甲虫の進化の細部は論争が続いているが、疑う余地がないのが、食糞性コガネムシはずっとずっと昔からいるということだ。現代の糞虫の起源である原始的なスカラベ（コガネムシ上科甲虫）は、一億五〇〇〇万年以上前からいたが、「本当の」糞虫（実際に糞を食べるもの）は四〇〇〇万年ほど前からである。コプロライトと呼ばれる化石化した糞は、糞虫が中生代に恐竜との片利共生的関係を発達させていた証拠を示している。それは、六五〇〇万年以上前、親であるパンゲア大陸から分離した大陸が、互いに離ればなれの方向に、ぎしぎしと少しずつ動いていき、それと共にさまざまな種が地球のどこかに運ばれて、新しい生活を始めたころだ。もし人類が、地球上にずっととどまり、たとえ困難があっても意味のある生活を送りたいと真剣に考えているのなら、糞虫に相談してみるのも悪くはないだろう。

多くの科学者は、自然に本当にぎりぎりまで肉薄し、少数の細かいことだけに焦点を絞りたがる。だから、糞虫に関する文献を検索すると、五〇〇〇から七〇〇〇を超える種について書かれたものが見つかる。それらの種は一二の族に分けられており、毎年二、三〇〇の新種が記述されている。もっぱらゾウの糞を食べる糞虫だけでも、約一〇〇種類いる。数を勘定する上での問題の一つは用語がはっきりしないことで、研究者によっては「糞虫」と「スカラベ」の間を行ったり来たりしている。

すべてのスカラベは偉大なリサイクル係だが、すべてのスカラベが糞虫であるわけではない。スカラバエオイデアは上科であり、その下に例えば、「砂を愛する」「謎めいた」「土を掘る」「雨」「マルハナバチコガネムシ」などを意味する、さまざまな名前を冠した科が存在する。

その中に菌食（カビやキノコなど菌を食べる）、草食、屍肉食（死骸を食べる）、肉食、雑食、腐食（あらゆる腐った有機物を食べる）、そして本書で私たちが興味を寄せている、糞食性のものが含まれている。ダイコクコガネ亜科は「本当の」糞虫と呼ばれることがある。その大部分が、ほぼ糞だけを食べるからだ。科、亜科、族の分類学的境界もよくわかっていないかもしれないが、すべてエジプト王家に連なるものである。スカラベは、古代エジプト人から崇拝されており、それももっともなことだ。これもまた、伝統的な宗教的慣習が重要な生態学的機能を維持するのに役立った、あまたある事例の一つだ。

古代エジプト人にとって、スカラベは不潔と糞便の象徴ではなく、死と復活、再生、生まれ変わりを連想させるものだった。無から自己を創造したケプリ神は、闇の中に太陽を転がし、毎朝新たに昇らせる。同じようにスカラベは玉を地下の世界へ転がしていき、そして一五から一八週間後に生まれ変わる。だから、スカラベを表わす言葉と絵は「誕生する」という意味を持ち、また貴金属や宝石、骨、象牙細工のモチーフとして、エジプト地域の葬式に、「ミイラ」もののB級冒険映画に、スカラベが登場するのだ。

アフリカに来た観光客のほとんどは、インパラやゾウといった人気者の大型動物には注目するが、そうした大きな動物たちの生息地であり、生存を可能にしている環境の形成を助けるもっと小さな生き物に注意を払う者は少ない。人類の進化の初期に、食料となる動物や脅威となるかもしれない動物に注意することは、理にかなっていた。しかし二一世紀の今、私たちが目を向けない、当面何の役に立つのかわからない動物——例えば糞虫——が消えることこそが、人類にとって最大の脅威となるかもしれないのだ。糞虫サファリには次世代のエコツーリズムとしての見込みが大いにあってしかるべきだ。

二匹の東アフリカ産糞虫が働いているところを見ながら、この生き物は単に珍しいというだけのものではないと、私はつくづく思った。数十年にわたり食物と水が媒介する疾病の疫学を教えている間、糞玉の中に棲む糞虫の幼虫のように私の中に巣くってきた疑問を、彼らはさまざまな形で具体化して見せているのだ。なぜ、どのようにして排泄物が、過去わずか数千年の間に解決しなければならない問題になったのだろう？　地球の回復機能のために、それは絶対に必要なものであり、長きにわたる進化が生んだ無数の生物学的問題を実際に解決してきたにもかかわらず。生命が生命へとつながっていく驚異の網の目の中を舞うというやりがいのある仕事が、いつから持続可能な畜糞の管理という問題になったのだろう。

毎日、世界中で、糞虫は他者には不用物と思われるものを食べ、あるいは埋めることで、水をワインに、汚染された廃物を生物の住める環境に変えている。それは糞のわらから黄金を紡ぎ出す、動物界のルンペルシュティルツヒェンだ。私たちが住む生態系の復元力(レジリエンス)と健康のために欠かせない、栄養とエネルギーのフィードバック・ループを彼らは閉じる。我々人間は彼らから学べないか？　彼らから学ぶ意味はあるだろうか？　俗に言うように、クソの役くらいには立つのだろうか？

ここ数年、次のような話のさまざまな変種がインターネット上に出回っている。

紺のスーツを着た男が飛行機の通路を歩いていた。彼は自分の隣の座席にいるのが美人だと知り、うれしくなった。男は上着を脱いで丁寧に畳むと、頭上の荷物入れにしまった。それから腰を下ろし、ネクタイを緩め、コンピューターを前の座席の下に収めると、女のほうを見た。彼女は本を読んでいて、顔を上げない。男は咳払いをして言った。「飛行機の中では、お隣になった人とお話をしているといつも目的地に早く着くんですよ」。

女はゆっくりと本を閉じ、目にかかるウェーブした黒髪をかきあげ、言った。「いいですよ。何の話をします？」

男は言った。「そうですねえ。何でもいいですよ。原子力の話なんかは?」

女は溜息をついた。「ちょっと面白そう。でもその前に一つ質問してもいいかしら?」

「ええ」男は答えた。「いいですとも」。

「ウマも、ウシも、ヒツジも、みんな草を食べます。でもヒツジはぽろぽろしたものを排泄します。ウシのは丸くてべたっとしています。ウマが出すものはライ麦パンみたいです。どうしてでしょう?」

男は肩をすくめ、にやりと笑った。「さあねえ」。

彼女は男を見据えた。「クソのことも知らないのに、原子力の話をする資格が自分にあると、本当に思ってるの?」

女は本を開いて再び本を読み始め、飛行機は離陸した。


ジョークを分析するのは常に危険なことだ。そのジョークがいささか品のないネタを扱っていればなおさらだ。しかし私はあえて分析することにしよう。というのは、私がこの本でこれからする話は、飛行機ジョークを中心に組み立てられたものだからだ。この運の悪い男性旅行者は、排泄物についてあまりよく知らないという落とし穴にはまって、何についてもよく知らないと責められている。それどころか、この女性が「クソ」という言葉を使ったことは、三重の意味で脅威である。彼女は男性の生物学の知識と、人生全般についての知識の欠如について皮肉を言っているだけではない。普通はバーで酔ってうっかり口走ってしまうか、ロッカールームでホルモンにまかせた強がりを言うための言葉を使っているのだ。つまり彼女は、この話題がきわめて重要であることを暗示すると同時に、そこに悪意を込めているわけだ。望まない男性からの興味をそらす技術に精通した若く美しい女性として、彼女はこの矛盾したこき下ろしを言ってのけた。これに勝てる応答はあるはずがない。

私はこの男に少なからず共感を覚える。この人は飛行機の中で気晴らしのための会話をしようとしているわけで、私自身しょっちゅうそういう状況に置かれるからだ。私がこの不運な男に共感する理由はもう一つある。獣医として私は、時に腕をウシの尻に突っ込んだり、イヌの糞を検査したり、動物の排泄物でいっぱいの排水溝に寝転がったり、最近では糞口経路というもの（これはグーグルマップでもマップクエストでも見つからない）によって感染するヒトと動物のあらゆる病気について真剣に研究したりしている。それでも、本当はそいつについてほんの少ししか知らないことに、この仕事に就いてずいぶん経ってから気がついた。

糞虫をじっと見ながら、真昼の太陽に炙られた頭のおかしな白人、すなわち私は悟った。人類が二一世紀を生き延びるという複雑な課題を前に、糞虫が糞虫としてだけでなく、解決策を考え出す手本としてなぜ重要であるのかを理解するには、まずもっと大きな文脈、我々すべてが根ざしている世界について理解しなければならないのだ。

私は、食品や水を媒介とするヒトの疾病を数十年研究してきて、排泄物と、それをどう見るかが、自分の大きな関心事――文化、食物、健康、生態系の持続可能性――と深い関係を持つことに気づいた。

特に生態系の持続可能性は、それなしには何も存在できない。機上の若い美女は、文句なしに正しい。実際、馬糞と牛糞の、ウンコと肥料の区別がつかない人は、おそらく原子力の話をしないほうがいい。原子力産業に（政治、経済、エネルギーのどの形にせよ）関わる人間の大部分はこの話題について知的な話をできないという事実が、もっとも本質的な生物としての自己から私たちがまるっきり疎外されていることを原因とする、根本的な無知を表わしている。

排泄物の扱い次第で私たちは、ある種に食物を与え別の種から奪う、また、ある生態系を破壊し別の生態系を作りあげる選択をすることになる。きわめて多様性のある生態学的機会のように思われるのに、なぜウンコはこれほど大きな公衆衛生および環境上の問題になったのだろう？　ウンコについての考え方を改めない限り、私たちは永久にその中で生きる運命にある。あるいはたぶん、もっと正確に言えば、私たちはすでにその中で生きており、いつまでも生きていくことになり、考え方を変えなければ、自分たち自身にとって実に困った問題を作り続けることになるだろう。

本書は私たちの無知を改め、分別をつける（ダジャレにあらず）ことを目指すものだ。だがそれ以上に、本書は知ることを通じて、あらゆるものの根本にある統一的実在、説明しにくいすべての存在の基礎へと至ることも目的としている。古代中国人が道（タオ）と呼び、中東の諸部族が「我在り（あり）」と呼ぶものだ。これが糞便についての小著には野心的すぎる仕事だと思われるなら、また糞虫のような小さな動物に負わせるにはあまりに重荷だと思われるなら、この本はまさにそんな読者のために書かれたものだ。

我々人類は、地球創生期のごたまぜのスープから長い道のりを経て高度な現代文明を達成したが、今も本質的には動物だ。富める者であれ貧しき者であれ、権力者であれ被抑圧者であれ、聖職者であれ無政府主義者であれ、神人であれ猿人であれ、我々は未だに腸内の物質を押し出さねばならない。我々の中から、そしてすべての動物の中から出てくるこの物質を生態学的な統一原理として、我々の進化の起源や根ざしているものまで遡って理解することができれば、まわりに見えるウンコすべてと落ち着いた幸せな気持ちで付き合うことができるようになる。

この本を読んで、ウンコを知ろう。

第一章　舌から落ちるもの

創作上の人物であるティナ・ウィーブおばさんは、クリスマスにまつわる家族の物語の芝居がかった独白で、それ以外のメノー派（訳註：プロテスタントの一派）の伝統が変わっても、男は今も「牝牛を引き連れるように」歩くと語っている。しかし次に、こう嘆く。

「……前は長靴にくっついていたものが、
いまでは舌から落ちる
そんなことがちょっと多すぎるんじゃないかしら……」[*1]

物語を語るには、言葉が必要だ。言葉があるところに文化があり、文化があるところにタブーと矛盾が、我々が語らないことと、語っていないということを語らないことがある。たとえその中にどっぷり浸かっていようとも。私たちが「舌から落ちるもの」の名前を挙げられないとすれば、どうして排泄物のその他のあらゆる側面に真剣に取り組むことができるだろう。排泄物の信じがたい力を、ウンコを知らずして解き放つことができるだろうか。

ウンコは社会学者と科学者がやっかいな問題（ウィキッド・プロブレム）と呼ぶものである。
やっかいな問題という概念を一九七〇年代に導入したソーシャルプランナーは、従来の科学で対処できる「飼い慣らされた」問題とされるものとそれを区別した。やっかいな問題と呼ばれるものは、範囲がはっきりせず、首尾一貫していない。その解決が難しいのは、情報が不完全であるか、問題の解決を求める者たちの要求が常に変わり続けているからだ。やっかいな問題は、一見したところ並立しないさまざまな視点から定義することができ、だから問題の信頼できる公式化も最適な解決法も存在しないのだ。中でも一番始末に負えないのは、問題のある面を解決しようとすると、別の問題が生まれたり、表面化したりするかもしれないことである。

多くの公衆衛生や環境の研究者、管理者はこのようなやっかいな問題に直面している。例えば、マラリアは殺虫剤を散布し、湿地を埋め立てることで撲滅できるし、ある種の深刻なウイルスの蔓延は、家畜や野生生物を処分することで食い止めることができる。しかし、こうした解決策には、生態学的な持続可能性、公衆衛生、農家の暮らしにおよぼす、やっかいで非常に大きな予期せぬ長期的影響がある。もう一つ例を挙げよう。一七世紀にフランスのアンリ四世は、また一九二〇年代にアメリカの共和党は、国民の栄養状況を改善するという善意にもとづいて、少なくとも週に一度「すべての鍋に鶏を」与えようとした。一九六〇年代になると、数百万の動物を飼育する集約農場の創設と、世界規模の自由貿易の推進でそれが可能であることがわかった。しかしこの戦略こそが、サルモネラのような病原性バクテリアを世界的に拡大し、また何百万もの小規模農家を廃業に追い込むのだった。より多くのデータ、よりよいテスト、精密な検査技術や高度なモデリングも、こうしたやっかいな問題を解決するのにあまり役に立たないだろう。

ウンコがやっかいな問題の中でも特にやっかいなのは、生態系や公衆衛生におよぼす影響が大きいのに、それについて語るための適当な共通言語すら私たちが持っていないからだ。特定の有機農業廃棄物や都市廃棄物の問題について技術者に解決策を求めるときには、正確な専門用語が使える（例えば、ウンコとその他の廃棄物を固めたものを処理して、彼らの言うバイオソリッドに変えるというように）。しかしそうすると、バイオソリッドなどという言葉を疑わしく思う一般市民を疎外してしまう。浄水場や処理場の建設費を支払うことになるのは、この市民なのだ。この人たちは、浄水場の改善ではニワトリのウンコが飲料水に混ざる問題を解決できないんじゃないかと疑っているのだが、代わりにどうすればいいか、想像し議論するための言葉を持っていない。使う言語によって、絶対に一つにしなければならない二つのもの、重要な問題についての市民の政治的想像力と科学技術的知識とを、私たちは分断してしまうのだ。

「すべての鍋に鶏を」問題に戻ろう。私たちは、集約的畜産業によって多くの人々への動物性タンパク質供給の問題を解決した。今、私たちの前に少数の超大規模畜産農業がある。以前は小規模なものが数多く存在していた。結果として、かつて広く散らばって農村の環境に吸収されていたニワトリのウンコは、今では一部の限られた場所に大量に積み上げられるようになった。この局地的なウンコの過剰生産により、水が汚染され、公衆衛生問題が発生する。これは鶏糞をウシの餌にする、大規模なバイオガス発電所を建設するといった「持続可能な畜糞管理」によって解決することができる。さて、この架空の例において、私たちはウシの窒素摂取をニワトリに依存させ、電力供給を大規模農場が出す大量のウンコに依存させてしまった。

それでは、このつかみどころのないアメーバのような問題を、どうすれば扱えるようになるのだろう？　この本で、それを複数の視点から探ることにする。言語の問題としての排泄物、公衆衛生の問題としての排泄物、生態学的な問題としての排泄物だ。社会はこの三つの視点を使って排泄物を特徴づけるのだが、その結果、問題に三つの異なった、多くの場合矛盾する解決策をもたらしてきた。公衆衛生を優先する解決法は、生態学にもとづく解決を、不可能ではないにしても困難にすることがある。そして共通の言語がなければ、統計と強弁が増えるばかりで、ろくな進展は得られない。

言語は思考を反映する。そして思考は生活の中で直面する問題に対して、想像しうる選択肢の種類を規定する。ヒトや他の動物の尻から出てくるものについて語れない理由が言語なら、よりよい技術など二の次だ。

ここでしばらくの間一歩引いて考えてみよう。私たちが話そうと（あるいは話すまいと）しているこいつは何なのだろう？　一番単純に考えれば、こうだ。排泄物とは、私たちが取り込んだ食物のうち体内で使われなかった部分のすべて、加えて腸内で繁殖した何億もの細菌、さらに加えて腸の内壁から剝がれ落ちた少なからぬ細胞である。もっと具体的に言えば、排泄物は肛門括約筋によって、それが離れていく動物に定義される。だから私たちは、牛糞、赤ちゃんのうんち、カワウソの痕跡、イヌのクソなどと言うのだ。

しかし、もっと広い意味ではどう言えばいいのだろう？　やや改まった会話で使うのにうまい言葉があるだろうか？　世界トイレ機構の創設者であり世界的なトイレの権威、ジャック・シムによれば、排泄物（エクスクレメント）——この語はラテン語の excernere「ふるい分ける」に由来する——が適切な語だという。確かに排泄物は、それ以外のある種の言葉よりも、改まった席で受け入れられやすい。だが他にもいろいろな語があることを考えると、肛門から出てくるものを表わす言葉としてこれが常に妥当だと、私には言い切ることができない。それどころか、ただ一つの言葉で合意するべきかどうかも私にはよくわからない。たぶん、わかりやすい言葉の集合で合意すべきなのだろう。

例えば、退屈で押しつけがましく嘘くさい駄弁を表現するのに、ブルシット（ウシのクソ）よりうまい表現方法があるだろうか？　あるいは、もっと上品な席では、軟便を意味するオランダ語 pappekak が英語化したポッピーコックを使うかもしれない——もっともアメリカでは、後者は子どもたちが大好きな砂糖がかかったポップコーンの商品名とまぎらわしいかもしれないが。

それから子どものトイレトレーニングでは、プープー（うんち）（これは動詞として使われるときは擬音語、つまりそれが表わすものの音のように聞こえる語であり、たぶん角笛の響きを意味する言葉に由来するのだろう）、ドゥードゥー、ナンバーツー（訳註：小便をナンバーワン、大便をナンバーツーと呼ぶ）などと言わなければやりようがない。ちなみにナンバーシステムは文化依存的だ。作家のビル・ブライソンは、小学校の教師にナンバーワンとナンバーツーのどちらに行きたいのかと訊かれて、大きなBM（Bowel Movement＝腸の動き）に行きたい、三か四くらい大きいかもしれないと叫んだ。男の子は牛糞（カウパイ）、丸い（カウ）牛糞（パット）、馬糞（ロードアップル）、糞（タード）をネタに冗談を言うが、大人になったらどうするだろう？　おそらく国際標準化された一から一〇までの測定基準があってしかるべきであり、それにより国際比較と排泄物学研究の進歩が可能となるのかもしれない。一九八〇年代半ばに私がインドネシアのボロブドゥールへ行ったとき、屋外便所に係員がいて、利用者が入る前に「大」と「小」のどちらをするのか申告を求めていた。これは自己申告制にもとづいており、利用料金はそれに応じて決められるのだった。

「グアノ」という語はコウモリや鳥の糞を表わし、スペイン語経由で南アメリカから入った。それは肥料を意味するケチュア語のワヌに由来し、肥料と爆弾にまつわる波乱に満ちた歴史を持つが、それについてはまたあとで述べる。「オーデュア」は中期英語、さらにその前は古期フランス語（ord（オール）「不潔な」の意）から来たものであり、ラテン語のhorridusから派生したという無益な（少なくとも農業には）道徳的重荷を背負っているが、ウィリアム・ブレイク『天国と地獄の結婚』の一節を読んだ人は、その語源はordではなく黄金を意味するor（オール）だと枠組みを捉え直すかもしれない。その場合、公共の秩序（オーダー）と宗教的規定（オーディネーション）がどこに収まるか、断定は人類学者に任せよう。

　ごく最近、「バイオソリッド」と「下水汚泥」という用語が、固体有機廃棄物を表わすものとして技術文献や政府の文書に見られるようになった。これらの用語はうしろめたさを消してはくれるが、日常会話で普通に使うにはあまりに科学的すぎる。一方、「栄養循環」や「栄養管理」のような語句で農業官庁が使う「栄養」という語は一般的すぎて、糞の中の脂肪だけでなくアボカドに含まれる脂肪も指してしまう。こうした語句は、排泄物がある種にとっては有用な栄養で構成されていることを強調している。しかし、糞便中のバクテリアの多様性、生態学的な機能と人類の生存において果たす無数の役割、動植物の複雑な多様性――それこそ栄養循環がきわめてわかりやすい形で現われたものだ――などは見えなくなってしまう。

「ナイト・ソイル」（下肥）「ヒューマニュア」（人肥）は、同様に人糞を意味する言葉を無害化し、おそらくはそこに好ましい解釈もつけ加えようとするものだが、ヒューマニュアという造語はまだ一般に使われる語として普及しておらず、昔からあったナイト・ソイルのほうは完全な復活に至っていない。

「フラス」は古高地ドイツ語の frezzan（食う）から来ており、虫の排泄物と食べ残したかすの両方を指す。研究者の中には、ラテン語の faecula（ワインの澱）と faex（澱、沈殿物）から来た「フェキュラ」という語を本当の虫の排泄物の意味で使うべきで、「フラス」は木にトンネルを掘る面白い虫が、穴がつまらないように出したくずのためにとっておこうと主張する者もいる。昆虫学者というのは暇を持てあまして、虫のウンコをどう呼ぶかで議論しているんだな、などと読者が考えるといけないので、科学は昔から、精緻で厳密な区別（以下のウンコについての論考を参照）をすることによって進歩してきたことと、著者が好き放題に飛ばしているような駄洒落は一般にひんしゅくを買うことを念のためお断りしておく。

卑語の「クラップ」（クソ）は、一九世紀末から二〇世紀初頭にかけて水洗便所を世に広めた人物、才気にあふれる（そしてたぶん猜疑の目で見られる）トーマス・クラッパーと結びつけられることがある。しかし排泄物を水に流してしまうという発想は、少なくともヘラクレスの第五の功業にまで遡ることができる。この話はまたあとでしよう。「クラップ」という語は、クラッパー氏に利用されているが、中期英語（脂肪を精製した残りかすを意味する crap）、古期フランス語（crappe　残りかす）、中世ラテン語まで遡ることができる。

考古学者がコプロリス（腸石、腸内で固くなった便の玉）やコプロライト（カロリー控えめな感じの名前だが、実際のところはウンコ玉の化石だ）の話をすることがある。動物学者はスキャット（糞）を見てスカトロジー（糞便学）を研究し、動物のことを学ぶ。医師は腰掛け（スツール）（便通、この語はうんちが体から排出される場所から派生した）と便サンプルを検査する。この手法を獣医師は拡張し、落とし物（ドロッピング）（鳥獣の糞）の検査も行なっている。

この言語学的背景に登場する多くの語と同様、「シット」（クソ）は、私たちの文化と科学の間を隔てる矛盾をすべて含んでおり、したがって問題解決に進むための言葉としては問題が多い。それでも、その融通無碍（むげ）な性質からは、他の言葉にはない文化的な余韻が感じられるのだ。

シットはさまざまな感情を表現するために使われる。不安や嫌悪（a piece of shit　クソのかけら＝くだらないもの）、失望（oh, shit　ええいクソ）、驚きや不信（no shit?!　まさか?!）。あるいはやっかいなこと（in deep shit　深いクソの中、up shit creek without a paddle　クソの川を櫂なしで遡る）、気軽な会話（shoot the shit　クソを吹く＝ダベる）、臆病（chickenshit　ニワトリのクソ）、恐怖（shit one's pants　ズボンにクソをする）、興奮（apeshit　サルのクソ）、不正直（horseshit　ウマのクソ、bullshit　ウシのクソ、共にウソ、ホラ）、関心（to give a shit　クソをやる＝構う）、何か気に入らないもの（looks like shit　クソみたいに見える、tastes like shit　クソみたいな味がする）、気に入った化学物質、特に非合法な薬物（best shit I ever had　今までで最高のヤクだ）などを表わす。また、英語では数少ない、名詞も（"a pile of shit"　クソの山）、すべての時制の動詞も（"he shit, he shits, he will shit"　彼はクソをした／する／するだろう）、形容詞も（shitfaced　泥酔した）同じ形をとる語だ。これはFワード（訳註：卑語"fuck"を婉曲に表わす言葉。fuckは本来性行為を意味するが、以下の例のように罵倒語や単なる強調としても用いられる。"shit"の場合は「Sワード」）にも共通してみられる特徴だ。アンドレアス・シュレーダーは、そのすばらしい刑務所体験記 *Shaking It Rough*（シェイキング・イット・ラフ）の中で仲間の囚人が壊れた機械を罵ってこう叫ぶのを聞いたと書いている。「ザ・ファッキン・ファッカーズ・ファックト、ファ・ファック・セイクス！（ちくしょう、このポンコツ野郎おシャカになっちまいやがった）」。だがSワードを同じ状況で使っても、同じニュアンスは出ないだろう。

シットはスキャットとともに、サイエンスという語と同じインド・ヨーロッパ祖語の語根（skei-）を持つ。意味は、あるものを他のものと分けることに関係するものだ。聞き分けのない動物や子どもを追い払うときに使われる「失せろ（スキャット）！」という間投詞や、スタッカートの即興唱法であるジャズのスキャット、種子のスキャッターリング（散布）、糞の肛門からの分離、誰それがスキャッターブレインド〈脳が分散している＝注意力散漫〉であるという概念などはここから生まれる。このインド・ヨーロッパ祖語の語根はギリシャ語の skhizein やラテン語の scire にも現われ、切り分けること（"science"〈科学〉、"conscience"〈良心〉、"conscious"〈意識〉、のように、あるものと他のものとを区別すること）を意味する。このような語はすべて excrement（排泄物）に似て "ex" つまりなにかしら大本から分かれたものであることを強調している。

現実を扱いやすい断片に分けるというこの能力は、産業社会と近代科学が驚異的な成功を収めたことの基礎であり、最大の弱点でもある。世界を分解して専門化することの強みは明らかだ。ごく一部（化学物質、バクテリア、車軸、神経結合）を理解することで、私たちは化学、微生物学、工業、神経科学で驚くべき功績をあげた。弱点が明らかになったのは、成功から何世紀も経ってからだった。それどころか、弱点は成功によって初めて弱点となったのかもしれない。私たちは多くの赤ん坊を救い、多くの人々に食料を与え、かっこいい車をたくさん造り、そうすることによって地球全体を危機にさらしているのだ。

この弱点は、二一世紀の主要な問題の一つである。「持続可能性」について語る者すべてにとっての根本的な課題であり、文化的革新者（詩人、小説家、音楽家）と科学的探求者（生物学者、物理学者、糞便学者）が気楽に話し合ったり、互いの仕事を手軽に参照したり、互いの論拠を説明したりできないのは、その表われだ。私たちは、中国で採掘した金属とカナダのタールサンドから圧搾した炭素系の液体から作った部品で車を組み立てることができる。遺伝物質を分解・再構成して半永久的に生きるトマト（味気ないが）を作り出すこともできる。しかし、宇宙に住むことを想像できない。私たちは切ない音楽を作曲し、人を夢中にさせる物語を書き、感動的な儀式を執り行なうことができるが、これと生物としての自己、自分の化学的性質、宇宙の物理的構造とを、知的ゲームのレベルでしか結びつけられない。根本的には、排泄物はこうしたものすべてに関わっているのだ。

引退した海洋生物学者のラルフ・ルーウィンは、排泄物に関するありとあらゆるものを網羅した概説書を編纂し、その本に*Merde: Excursions in Scientific, Cultural, and Socio-historical Coprology*（メルド——科学的、文化的、社会歴史学的糞便学への旅）と巧みなタイトルをつけた。これはフランス語を使って英語での問題を回避しているが、単に（多くの環境問題や文化問題の解決方法がそうであるように）問題をどこかへ追い払っただけの、一種の言語学的ＮＩＭＢＹ（訳註：Not In My Back Yard の略。「うちの裏庭には来ないで」の意味で、ゴミ処理場など必要な公共施設が、自分の居住地に建設されることに反対すること）にすぎない。

糞、良心、意識、排泄物、全体性をひと言で表わすうまい英語はない。また言葉は、それが描写しようとする言葉にならない現実そのものではない。このことから私は一つの決定的な表現よりも、多種多様な表現を動物の身体を通過してくるものに当てはめたい。結局、大いなる存在（あるいは男性、女性、精神）という概念と同じように、私たちが話題にしている物体にはいくつもの面があり、自然と文化の中でいくつもの役割を演じているのだ。これに沿って、私はこの本で探求する特定の分野にもっともふさわしい語（マニュア、ダング、オーデュア、フラスなど）を使うように心がけた。また、使う言葉を変えることで、読者が（あるいは自分が）飽きないようにも努めた。

だが結局、私はたびたびシットという言葉に戻ってきてしまう。下品で問題が多いにもかかわらずだ。これは、脱臭されたプロレタリアートと消毒済みの支配階級の、大衆文化とエリート文化の、科学と日常生活をつなぐ道をふさぐため私たちが立てたあらゆる人工的な障壁を突破できる、数少ない言葉の一つなのだ。

二、三年前、アメリカに住むある人が猥褻罪で告発・起訴された。彼の車のナンバープレート（訳註：アメリカでは割増料金を払って、自分の好きな文字や数字を組み合わせることができる）にある「SHT HPPNS」の文字が不快だと、ある善良な市民が訴えたのだ。これに対し弁護側は、こう答弁した。これは「SHOUT HAPPINESS（幸福を叫ぼう）」の略なのだが、告発者はどういう意味だと思われたのだろうかと（訳註：SHIT HAPPENSと受け取ると、文字通りには「クソは起きる」であり、そこから「悪いこともあるものだ」「世の中そんなものさ」という意味となる）。ということは、私がもっとも俗な言葉を使い、たまにうっかり母音をそのままにしていても、読者には私の意味するところがわかり、そしてたぶん不快にはならないだろう。もし気に障ったら、まあ、SHT HPPNSだ。

＊1——Waltner-Toews, D. 1995. *The Impossible Uprooting.* Tronto: McClelland & Stewart. Page 85.

あまり先に進んでしまわないうちに、基礎的なことを確認しておいたほうがいいだろう。そもそもウンコって何だろう？　つまり、何が入っているんだとか、成分は何かということだ。その答えがわかって初めて、私たちは現在のジレンマから抜け出す何らかの道を探すことができるのだ。

口から尻まで、消化管は外界の環境が体の中を通っていく管だ。これはほとんどの温血動物にあてはまる。人間を含めた動物の体内の筋肉や器官は無菌であり、体内を通る外界のものと、そうした無菌の器官との相互関係は注意深く調節されている。だから外科医は手を洗いマスクをつけなければならないのだ。もしも虫垂が破裂したり、腸に傷をつけたりすると、大変なことになる。腸内のバクテリアと食物のかすが無菌の部位にあふれだしてくるのだ。つまり食品の安全性の観点からいえば、レアのステーキはかなり安全だ。筋肉の内部は無菌なので、表面のバクテリアを焼き殺せばいいわけだ。

性行動が動物同士の関係であるように、食は動物と環境の関係だ。食物は体内で地球を代表し、自分の一部となる。思い切って私たちの体を覗き見るか、中を歩き回って驚異の旅をするなら、一つひとつの細胞が、酸素やさまざまな物質を取り込み、いらないものを排出するのが見られるだろう。消化管の内側を覆っている細胞は、毒物をできるだけ通さないようにしながら、私たちの身体を作りあげている他の細胞の燃料として必要なものだけを吸収する。私たちの細胞は、老廃物を生産する。それが血液によって運ばれ、尿、ウンコ、胆汁、汗、呼気を介して体外に捨てられなければ、自分自身を殺しかねない。ある種の物質は肝臓や腎臓で特殊な処理を経てから排出される。老廃物の中には、毎日数百億個の単位で自殺している、自分自身の細胞も含まれる。専門的にはアポトーシス、またはプログラム死と呼ばれる営みだ。また別の細胞、特に消化管の内側の細胞は、食物の通過によってこすれ落ち、糞便と共に出てくる。あなたの身体は日々入れ替わっている。便器やおまるの中を覗いてみよう。それはただの便サンプルではない。昔の自分だ。それが人生だ。

食物中の多くの物質は、腸壁をすり抜けて人体のさらに秘奥部へは入れない。それらは腸の中で生まれ、生き、繁殖し、死んでいく数兆のバクテリアの餌として利用される。これらは主に善玉菌で、バクテリア界の平和を乱す悪玉である病原菌を寄せ付けないように頑張ってくれている。こうしたバクテリアの排出物の中には、ビタミンの形で人体にとってさらに栄養となるものもある。やがて、この消化されない食品の成分、バクテリアの死骸、毒素、腸壁から分泌されたさまざまな液体が集まったものは、身体を通り抜けて土に帰る。これが排泄物と呼ばれるものだ。

人間は、より大きな生きている網の目の一部だ。あらゆる生命体は、消費と呼吸の結果として、周囲の栄養とエネルギーを利用し、形を変えたり使われなかったりしたさまざまな種類の栄養とエネルギーを周囲の環境に（再）循環させる。こうした生物の副産物のあるものは排出した生物にとって毒であり、あるものは競争相手や捕食者にとって毒であり、またあるものは単にいろいろな理由から使われなかったものだ。摂取した動物には消化できないものだったのかもしれない。あるいは動物が一度の食事で消化できる量より多かったのかもしれない。

赤ん坊は体内も体外も無菌で生まれてきて、広い世界に出て初めてバクテリアが定着する。最初の二、三カ月で新生児の腸に定着する四〇科一〇〇種のバクテリアは、ほとんどが無害または有益なものだ。歳を取るにつれ私たちは、飲食やその他の相互作用を持った環境の一部から、さらに多くのバクテリアを獲得する。成人の便一立方ミリメートルには、一〇の一一乗個（つまり一〇の後ろにゼロが一一個ついた数）前後のバクテリアがいる。その数は私の想像力を超えているが、他の動物の糞便でも一般的にそのくらいだ。このようなバクテリアは五〇〇から一〇〇〇ほどの異なる種からなり、大部分はあまりよくわかっていないものだ。その中には、ビフィズス菌、乳酸菌（母乳を与えられた乳児とヨーグルトの中で優位を占めている）、大腸菌（水質汚染を測るとき科学者はこれを見る）、さらには古細菌（原始地球に似た、酸素のない大気を好む）まで、多彩な微生物が含まれている。

クロストリジウム属（これは「適切な」環境下では、破傷風やボツリヌス中毒のような重大な病気を引き起こすことがある）を含め動物の腸に棲む微生物のほとんどは、宿主種とそれが住む生態系の両方に利益をもたらす。二〇一一年の腸内微生物学のレビューで、レディングとカスパーという研究者はこう書いている。「哺乳類宿主がこれらの［腸内に棲む］バクテリアに養分豊富な生態的地位を提供し、バクテリアは宿主に消化の補助、病原性腸内細菌からの防護、免疫系の発達などさらに多くをもたらす」。このようなバクテリアが免疫系に対して持つ有益な関係は、特に重要だと考えられる。腸内にバクテリアがいなければ、私たちは弱り、死んでしまう。それどころか、一部の進化生物学者が言うことを信じるなら、私たちの身体を構成する細胞と、その中にある細胞器官やミトコンドリアは、共進化したバクテリアの群集なのだ。バクテリアなくして、人類は文字通り存在しない。我々がバクテリアなのだ。この本も、自分自身を理解しようとするバクテリアの群集が書いているのかもしれない。なんとびっくり！

二つ目の、微生物以外の観点からは、排泄物は成分で表わされるだろう。畜糞の持続可能な管理に関心のある人たちは概して、このような見方を取っている。特に、排泄物中の化学物質は他の種の栄養分として、また土壌への施肥として考えられる。畜糞の養分の内容は、缶詰のラベルのように、何を食べているかだけでなく残りものが何に使えるかについても、多くを教えてくれる。

この内容については、家畜のものが徹底的に研究されている。一つには、畜産業者が確実に資源の効果的な利用、再利用をしたいという経済的動機を持っているからだ。例えば、口に合うかどうかはともかく、トンあたり一二キログラム[*1]の窒素を含む鶏糞をウシの飼料に混ぜれば、餌の中のタンパク質を増やすことになる。ニワトリのウンコに含まれる窒素を使って、第一胃のバクテリアがタンパク質を作ることができるからだ。一般に鳥の糞の窒素含有量がとても高い理由の一つは、鳥の場合、窒素を含む尿が糞と共通の穴、総排出孔からどろどろの混合物として出てくることにある。

哺乳類の尿も非常に「ホットな」窒素源だ。このことを確かめようと思ったら、イヌがいつも小便をするあたりの草を見ればいい。茶色く枯れているのは窒素が多すぎるからだ。この理由から、人間の固形排泄物と尿を最初から分けて、ほとんど無菌の尿は直接肥料として使い、バクテリアが生きている固形物は堆肥化するか消化槽（バイオダイジェスター）（九章で詳しく検討する）に送ることを主張する研究者もいる。これに対応するトイレの設計もあるが、畜糞管理計画は効率の名の下に、この二つをいっしょにするという間違いを犯しがちだ。私たちの社会が効率を異常なまでにあがめ奉ることで起きる問題は、のちほど、現在の課題への対応を考えるときに詳しく論じることにする。

土壌にはたいてい不足していて、畜糞の中には存在する——といっても窒素ほどの高いレベルではないが——もう一つの重要なミネラルが、リンである。ウシの糞にはトンあたり一～一・五キログラムほどしかリンは含まれていない。ブタの糞にはその二倍、鶏糞には最大一〇倍が含まれている。また、いずれもトンあたり三～五キロのカリウムを含む。

国連食糧農業機関（FAO）の報告書 *Livestock's Long Shadow: Environmental Issues and Options*（家畜の長い影——環境問題と選択肢）の著者によれば、全世界で累積する家畜の糞には、一億三五〇〇万トンの窒素（そのうちウシは五八パーセントで最大の寄与をしている）と五八〇〇万トンのリンが含まれるという。畜糞の経済的価値の見積もりは基準が定められていない。地域ごとの（そして変動する）生態学的、経済的背景に左右されるからだ。しかし、二〇〇一年の報告では、イギリスで乳牛および肉牛が一年間に出す畜糞は、二八万トンの窒素と五万トンのリン、二五万トンのカリウムに相当すると推定されている。鶏糞は一〇万トンの窒素、四万トンのリン、五万トンのカリウムに相当する。イギリスの鶏糞の価値だけで、二〇〇一年に年間約五〇〇〇万ポンド（約八〇〇〇万米ドル）と推定されている。

人糞は他の動物のものに比べて、内容の変動が大きいようだ。たぶん人間の食事がきわめて多様だからだろう。成分を推定する方法はいくつもあり、このテーマについての文献は（ともかく私にとっては）混乱を招くものだ。ある著者は割合で報告し、ある者は重さで、ある者は乾燥重量で、ある者は湿潤重量で、ある者はグラムで、ある者はポンドで示しているのだ。今度窓から乾ききった芝生を見るとき、こんなおおまかな数字を考えてみて欲しい。人間のウンコは七五パーセントが水である。それ以外に、毎日排出する一五〇グラムには、平均一〇〜一二グラムの窒素、二グラムのリン、三グラムのカリウムが含まれる。[*2] 炭素はほとんどが糞として出る（炭素には腸壁の細胞と、大量の——時には体積の半分を超える——移出してきたバクテリアが含まれる）が、人間は窒素とカリウムの大部分を小便で排出する。リンは尿と糞に半分ずつ分かれる。私たちの排泄物には八パーセントの繊維と五パーセントの脂肪も含まれている。これはやはり半消化の食物、バクテリア、細胞などの形を取っていることがある。

栄養と化学という観点で話を続けると、ヒトのウンコには、食事によっても違うが、食べたものの八パーセントのカロリー値（エネルギーの共通尺度）が残っている。私たちはコメのタンパク質の二五パーセント、ジャガイモのタンパク質の二六パーセント、トウモロコシ粉のタンパク質の四〇パーセントをウンコに出している。人間はたぶんヒトの排泄物を食べて何とか生きていけるが、必要なタンパク質とエネルギー摂取量を得るためには、たくさん食べなければならないだろう。

タイで行なわれたヒトの糞便の調査研究では、その化学組成（窒素、リン、カリウム、カルシウム、マグネシウム、銅などの元素）に年齢、性、職業、宗教による有意な違いは見られなかった。この発見から人間では、ウンコ製造者の性質と生み出したウンコの質とは無関係であると推測できるが、これについては異論もあるかもしれない。

違った動物種を調べると、すべての糞が同じではないことがわかる。集中的に利用する場合、あらゆる化学肥料と同じように慎重に容量設定してやる必要がある。すべてのウンコは違い、すべての土壌は違い、作物ごとに養分要求量は異なる。北アメリカのほとんどの農家は、施肥の前に土壌を研究所で検査してもらっている。畜糞を使う上での問題は、その成分が厳密には異なるので、肥料の窒素やリン含有量に精密さが求められるような農法ではあまり使い勝手がよくないという点だ。

三つ目の排泄物の見方は、化石燃料のコストが上昇するにつれて重要性を増している、そのエネルギー容量に着目するものだ。私が実際に畜糞の栄養分やエネルギー容量について真剣に考えるようになったのは、獣医学部での一年目を終えた夏のことだった。当時私は、わらを窒素（アンモニア）で処理してヒツジに与えている、ある応用生理学者の下で働いていた。この研究の理論的根拠は、ヒツジやウシのような反芻動物の胃に棲むバクテリアは、わらからセルロースを取り出して分解し、アンモニアから（さらに言えばニワトリのウンコからでも）窒素を取り出して再び組み立てることができるというものだ。バクテリアに取り込まれることで、こうした一見したところ役に立たない材料がヒツジのタンパク質になる。この実験の背景にある考えは、この処理されたわらをヒツジやウシに食べさせることが、「役に立たない」わらを与えて「役に立つ」ヒツジを生産するような、あらゆる種類の「付加価値」の可能性をカナダ草原部での農業にもたらすかもしれないということだ。

私の仕事は、処理済みのわらの総エネルギー容量（含まれるカロリーの数値）をいわゆるボンベ熱量計で測定し、次にヒツジの糞——本質的には、わらがヒツジの複雑な消化システムを通過したあとの残り物——を同じように測定することだった。わらと糞とのエネルギー容量の差（より正確には、熱生産能力の差）から、ヒツジが餌から実際に得たエネルギーの正味量がわかる。前提には科学的根拠があったが、ヒツジたちは小便を引っかけたわらを食わされるかのような反応を示した。実際、そんなようなことを私たちはしていたわけだが。ヒツジたちは処理したわらよりも仲間の背中の毛を食べるほうがいいようだった。この話の教訓は、正味エネルギーがすべてではないということだ。ヒツジは、人間と同じように、ただ体重を増やしたり減らしたり、ちょうど適量のタンパク質やミネラルを取り込んだり、病気を防いだりするためだけに食べるのではない。ある食物が他のものより味がいいから食べるのだ。一部の研究室仕込みの栄養学者や公衆衛生担当者からは、この事実が抜け落ちているようであるが。

糞便の中身を記述することは、バクテリア、化学組成、エネルギー、どの観点からにしても、排泄物とは何か、それとうまく付き合うためにどうすればいいかを理解するための小さな一歩にすぎない。うまく付き合うために大切なのは、それ自体が何かではなく、それがどのように機能するか、それが象徴する関係、それに意味を与える文化と生態系の網の目だ。より広い理解にもとづかない知識など、それこそクソの役にも立たないのだ。

例えば、グアノの物語について考えてみよう。この話は何よりも背景が重要であることを強調している。鳥やコウモリはグアノと呼ばれる糞を産出する。これは窒素のほか、アンモニア、尿酸、リン酸、炭酸、シュウ酸を豊富に含んでいる。鳥やコウモリのウンコには色々と面白い化学物質が含まれている。ふーん、それで？

ロバート・B・マークスは、その著書 *The Origins of the Modern World*（現代世界の起源）の中で、一八世紀から一九世紀の世界的な人口爆発は、少なくとも部分的にはコウモリのグアノの大鉱床が発見されたことが原因だとしている。コウモリや鳥のグアノは一九世紀初めにヨーロッパ人が発見し、肥料にも火薬にも使える優れた硝石（硝酸カリウムおよびナトリウム）の供給源となった。南アメリカ文明では千年以上にわたり土壌を肥やすために使われてきたものだが、ヨーロッパ人がグアノの戦略的価値を「発見」したことで、一八四〇年代以降その主要な供給源で持続不可能な開発が急速に進んだ。硝酸塩が雨で溶脱しなかった乾燥地――例えばペルーやチリの一部――で採れる鳥のウンコが最高とされた。イギリスとその同盟国は中国人労働者を搾取して、そうした国の貴重なグアノを採掘させ、自国の土を補充するために使った。スペインはグアノの採掘権をめぐってチリおよびペルーと戦った。一八六五年から六六年のグアノ戦争だ。一八五六年にアメリカ連邦議会はグアノ島法を可決し、グアノに覆われた無名で無人の島があれば、合衆国市民は合衆国のために領有を主張できるとした。この法律の下で太平洋のミッドウェイ島を含め、五〇を超える島を――そしてイアン・フレミングのジェームズ・ボンド小説『ドクター・ノオ』に登場する島も――アメリカは領有した。[*3]

グアノに含まれる硝酸塩は爆薬の製造にも使われてきたが、爆弾を作れるほどの硝酸アンモニウムを手に入れるために必要な鳥糞の量は相当なもので、一般に現実的だとは思われていない。やろうとすると、時に『サタデー・ナイト・ライブ』（訳註：アメリカのコメディー・バラエティー番組）のコントのようなことになる。二〇〇八年に、ドイツで二人の女が液状堆肥タンクに忍び込み、「堆肥爆弾」を作るためにストッキングに詰め込もうとした。一人が足を滑らせてタンクの中に落ち、二人は裸で走って逃げた。農業と兵器がなければ、グアノはただのウンコだ。背景がすべてなのだ。

排泄物が農業と戦争のための高価な資源、茶色い黄金のようなものであるだけなら、ニューヨークやトロントやロンドンや香港の株式ブローカーに、いくらで取り引きを始めるか交渉させておけばいいだろう。私たちは投資し、隠居して（あるいは大統領に立候補して）、株価が上がるのを取り澄まして見ていればいい。だが金や石油と違って、やっかいなウンコのジレンマは、不足ではなく多すぎることにあるのだ。

世界はウンコに満ちあふれている。その量はここ二、三〇〇年で急速に増えているようだ。まず第一に、こう問わねばならないだろう。それは本当なのか？　第二に、本当だとしたら、どうしてこんなことになったのか？　増えているという排泄物はどこから来たのか？　二〇世紀に地球上の物質の量が大幅に増えたわけではないことは疑いようもない。宇宙塵や隕石は毎年何トンも地球に降っているが、それがたちまち全部排泄物に姿を変えるわけではない。

世界トイレ機構の創設者、ジャック・シムがEメールで教えてくれたところによれば、平均的な人間は一日一回排便し、一二〇グラムから一五〇グラムの大便と一・二リットルの尿を体外に出すという。経験が示すように、私たちが実際に出す量は、摂取する食品と水の量と内容、それから健康状態に左右される。ベジタリアンは肉食系よりたくさんのうんちを排出する。消化できない繊維の摂取量が多いからだ。下痢や便秘をしていれば、やはり排泄量に影響する。

二〇〇一年に *Science of the Total Environment*（総合環境科学）誌に発表された科学的調査は、タイで一一歳から七一歳までの被験者を対象に行なわれ、各人が一日に湿潤重量一二〇から四〇〇グラムの便と〇・六から一・二リットルの尿を排出していることを明らかにしていた。この平均値は以前に世界各地で行なわれた多くの調査とおおむね一致し、タイ人は世界の他の国民と同様クソでいっぱい（訳註：「ほら吹き」という意味がある）ではないことを示している（科学的調査などしなくても私のタイ人の友人たちが教えてくれただろうけれど）。

さて、議論の便宜上、それぞれの人（スーダンの飢えた子どもとアメリカの肥満した大人の間のどこかにいる、平均的な人）が一日に一五〇グラムの排泄物を出すとしよう。一年では約五五キログラムになる。これは少なめの見積もりかもしれないが、少なくとも作業する上で妥当な数字となる。

一九九〇年代半ば、ネパールのカトマンズで働いていたとき、私はとある公共施設を見つけた。表にはそれが「ブッダ・トイレット」であることを示す看板が掲げられていた。この光景は、いかに高邁（こうまい）な精神的目標を抱こうと人はみな動物でもあるという謙虚な気持ちを、私に思い出させた。ここから、約三三年間生きたイエス・キリストは、生涯に二トン近いうんちを地上に落としたという結論になる。ムハンマドは、おそらく六〇歳くらいまで生きたので、イエスの総量の二倍近くを産出するだけの食物を処理している。カール・マルクスはムハンマドを上回ること大便五年分、約二七五キログラム上回る。そしてブッダは、八〇歳まで生き、四〇〇〇キログラムで全員を圧倒している。それはブッダが長年その下に座っていたインドのボダイジュが大木であった理由の一つかもしれない。古いペルシアの格言は、人間の身体の役割はシラーズの上等なワインを小便にすることだと言っている。ペルシアの上等なナツメヤシと大便との関係についての同じような警句を、私は聞いたことがないが、そのような言葉があったとしても不思議はない。

世界の排泄物の量を議論する上でもっと関係が深いのが、人口の増加だ。紀元前一万年の地球上には約一〇〇万の人間がいた。五五〇〇万キログラムの排泄物が少しずつ世界中に撒き散らされ、徐々に草や果樹の養分になっていったわけだ。一八〇〇年に地球上にいたのは約一〇億人、したがって排泄物は約五五〇億キロだ。一九〇〇年には、世界の人口は約一六億になり、人糞は八八〇億キログラムということになる。

二〇一三年には、地球の人口は七〇億を超え、人類は年間に合計四億トン（四〇〇〇億キロ）近いウンコを生産している。巨大な雄ゾウ八〇〇〇万頭分の糞だ！　いや、私にも想像がつかない。

さて、同じ地球には人間以外にもさまざまな動物が棲んでいる。彼らのことを考えてみよう。多くはすさまじい速度で絶滅に向かっているが、だからといって動物の総数が減っているというわけではない。例えば、甲虫、コウモリ、カエルは姿を消しているが、商業的に飼われているブタやニワトリは劇的に増えている。

一九六〇年代まで、家畜の数を当てずっぽうでも見積もろうとした人はいなかったようだ。それでも、中東の文明のゆりかごに興った大文明はほとんどが家畜文化であり、したがって「相当な数」と言えるだけいたことは間違いがないとわかっている。私は古代ユダヤの物語を元にした古い賛美歌を聴いて育った。それは千の丘のウシを神の持ち物だと主張するものだったが、それぞれの丘に何頭のウシがいるとは言っていなかった。いずれにしても、一九六一年には世界に九億を超えるウシと、四億のブタ、約一〇億のヒツジとヤギ、四〇億近いニワトリがいたと言われる。二〇一〇年（本書執筆時点で手に入るもっとも新しい数字）には、約一四億のウシ、一九〇億のニワトリ、一〇億のブタ、一八億のヒツジとヤギがいた。[*4]

世界には大量の動物の糞があり、その量は増えつつあることはわかった。だが、どれほどの量なのだろう？　これについては本当に大ざっぱに考えてみよう。というのは、実際に世界中でニワトリのウンコのサンプルを一つひとつ数えたりした人はいないからだ。きっちりした数字を挙げる人たちは、偽の厳密さに取りつかれているのだ。それは官僚や政治家をだますのに目覚ましい効果があるが、他の使い道はあまりない。同じ桁の範囲に収まっている限り、つまり一〇〇〇トンの話か、一〇〇万トンか、それとも一〇億トンかがわかっていれば、全体像は得られると私は考える。

畜産業は今も急速に伸びており、開発途上国でももっとも伸びが速く、そのほとんどが従来の混合農業から工業的農業への大規模な移行を伴っている。二〇一〇年に家畜の数がもっとも多かった国を見れば、最近の増加傾向とそれが起きている場所がわかってくる。一九六一年から二〇一〇年にかけて、中国ではニワトリの数が推定五億四〇〇〇万羽から四八億羽になった。ブタは三億八〇〇〇万頭から四億七六〇〇万頭になった。ヒツジは一億一〇〇〇万頭から一億三四〇〇万頭になった。ウシとスイギュウを一緒に考えるなら、インドが一番多く（両者の雑種もかなり含まれる）、一九六一年の二億二六〇〇万頭から二〇一〇年には三億一〇〇〇万頭になっている。ブラジルでは五六〇〇万頭から二億一〇〇〇万頭になった（ここでは主にウシだ）。

家畜がどれくらいの糞を作り出しているか計算する方法がいくつかあって、普通は「平均的」な動物を基準にするが、そんなものは統計図表という幻想の世界にしか存在しない。ウィスコンシン州の高泌乳牛は、ベンガルでゴミをあさっているウシとはまったく違う動物だ。それでも、ここでの私たちの目的のために平均は十分使い物になる。私が明らかにしたいのは一般的なことであって、農家が畜糞管理計画に使うことを意図しているわけではないからだ。現在カナダで家畜が出す糞の量の控えめな見積もりを使って、[*5]私は以下の結論に達した。二〇一〇年に全世界ですべてのウシ、ヒツジ、ヤギ、ニワトリが産出した畜糞の量は、合計一四一億三六四五万トンだった。これは三五三億四一一二万五〇〇〇立方メートルである。[*6]標準的なサッカー場、幅約六〇メートル長さ一〇〇メートルのものであれば、およそ三〇〇万面を二メートルの深さで覆うことができる。フィールドにいる全員が優に埋まってしまうだろう（人糞を混ぜなかったのは、この光景を誰かに見せたいからだ）。もう少し身近なたとえをすると、それは一四一兆三六五〇億カップ分となり、地球上のすべての人に一年に二〇〇〇カップ（一日五カップ以上）配ることができる。

そこに、イヌとネコとネズミとコヨーテとシカとゾウとコマドリとニシキヘビと車のフロントガラスのトリの糞もほうり込むことができる。ゴキブリやアライグマのような、人間の居住地によく順応した動物も増えている。もっともこのようなものは、それほど真剣に数えられておらず、またゴキブリの糞を計量するのは簡単ではない。全体として、私の推定では、我々は人間が出す総重量四億トンと、それ以外の動物から出る一四〇億トン以上に直面している。それも毎年。そしてその量が増えている一方、経済を回し続けるためにはもっと人口を増やす必要があると言う経済学者がいる。私に言わせればクソ食らえだ。いや、実際食らうことになるかもしれないが、この話はまたあとで。

いずれにしても、世界にはかつてないほど大量の排泄物があふれていることを知るために、国際的な学術研究が必要だとは私は思わない。

それでは、どうしてこのような状況になったのだろうか？　始まりまで、排泄物の起源にまで遡れば、先へ進む道を見つける手がかりを読みとることができるだろう。

＊1——一メートルトンは一〇〇〇キログラムで、約二二〇〇ポンドになる。英トン（小トンとも呼ばれる）は二〇〇〇ポンドである。本書で使われるあらゆる数字に関して誤差の程度には幅があることと、ここでは正確な計量よりも桁の大きさに私たちの関心があることから、この研究を引用するにあたり、私はこの二つを実質的に同じもの

として扱っている。

＊2――この数字は、下痢をしていない「平均的な人」について世界各地で行なったさまざまな調査にもとづく大ざっぱな推定値である。

＊3――グアノはジェミニおよびマーキュリー宇宙飛行計画でも大量に買いつけられ、着水後に無線送信機のアンテナを展開する発射薬として使われた。

＊4――この数字からはわからないのが回転率、例えば年間何十億羽のニワトリが生まれ、そして殺されるかだ。それでも国連食糧農業機関によるこれらの数字から、こうした計算のための大まかなアイディアが得られるだろう。一九六一年から二〇一〇年の間に、ヒツジの数は一定しているが、ヤギの数は増えている。

＊5――カナダ統計局は次のように試算している。雄ウシ（四二キロ／日）、肉牛（三七キロ／日）、去勢牛（二〇キロ／日）、子牛（一二キロ／日）。乳牛はもっとも多く一日に六二キログラムの糞をする。私は推定値を控えめにしておくために二四キロを採用した。ブタは、子豚、雌ブタ、去勢していない雄ブタ、出荷用のブタをまとめて、一日に一キロから四キロを排出する。私は控えめな数値として二キロを採った。ニワトリが排泄するのは一羽あたり一日に一キロに満たない。ここでは一羽あたり〇・〇七キロを使った。これはさまざまな農業普及サイトから推定した。すべての動物に関して、私は低い数値を採ることを目指している。元々大きな数字を誇張しても意味がない。カナダ統計局“A Geographic Profile of Livestock Manure Production in Canada, 2006”参照。http://www.statcan.gc.ca/pub/16-002-x/2008004/article/10751-eng.htm#a4.

＊6――重量から体積を計算するにあたり、オンラインのConvertMeツールを利用した。それによると畜糞の密度は〇・四キログラム／リットルとされている。メートル法のカップは二五〇ミリリットルである。

第三章　糞の起源

生物が生まれる前、ウンコはなかった。

三〇億年以上前のあるとき、生物が現われた。我々が知るような生物は原始生命体、生化学的反応が活発な先祖から生まれた。一部の研究者によれば、それは海底の熱いアルカリ噴出口に近い多孔質の岩の穴に棲んでいた。この説では、こうした多孔質岩石が（中空のブドウのような）小部屋を提供し、石の壁が境界となって、その内側で生化学的反応の閉じた環と循環が発達した。

私たちが生命と呼ぶものを構成する多くの分子――炭水化物やタンパク質のような有機分子――は、温かくエネルギー豊富なスープの中で、化学物質が互いに反応した結果として形成されたものだ。生命がなくても化学物質はいくらでも存在できる。化学物質なくして生命はあり得ない。

世界的に知られた複雑系の理論生物学者、スチュアート・カウフマンは、その著書『自己組織化と進化の論理』でこのように述べている。「つり合った生態系は、手に負えない大爆発ではなくて、分子の多様性が制御された形で生成されていく方向に向かう。……すべての細胞膜が崩壊していれば、手に負えない爆発が起こるであろう。細胞膜は、たくさんの分子の相互作用を妨げ、それゆえ超臨界的な爆発を妨げるのである」（米沢富美子監訳、筑摩書房）

膜がなければ、この激しい相互作用に形を与えられず、形がなければ生命もない。我々すべてにとって皮膚を持つことは、自分を自分たらしめている液体、化学反応、細胞、ホルモンを保っておくために必要なことなのだ。皮膚がなければ、私たちは周囲の環境に漏れだし、体内の化学物質は勝手にさまよって他の化学物質と反応してしまう。私たちは地球と一体になる――死ぬことの別の言い方だ。死んだスカンクと生きているスカンクは同じ化学物質からできている。違いは、死んだスカンクの化学物質が保持されないことだ。この膜を持つことの必要性は、自分を自分として作りあげている器官から細胞に至るまで、すべてに当てはまる。

すべての始まり、数十億年前にこうした生化学的反応が一面を覆った結果、古細菌やバクテリアのさきがけとなる最初の単細胞生物が誕生したと推測されているが、その存在については直接の証拠はない。バクテリアも古細菌も膜で包まれた核や細胞小器官（膜で覆われた小さな器官で、侵入したさらに小さな微生物の名残かもしれない）を持たない。古細菌のほうが極端な環境を好むようで、きわめて塩分が高い水、氷点に近い水、硫黄を含んだ噴火口近くの水どころか、沸騰した湯の中からも見つかっている。以前はバクテリアの前身と考えられていた古細菌だが、現在では共通の祖先、おそらくは多孔質岩石の原始生命体から生まれたと理解されている。

単細胞のバクテリアから多細胞のゾウや人間まであらゆる生命体は、何らかの方法でエネルギーを取り入れる必要がある。そうすることで体内で起きる反応に燃料を与え、生きていくことができるのだ。だから例えば（そして、いくつかの大学の講座、百科事典、生物学の本、毎年新たに見つかる事実の解釈についての、いくつもの論争を要約すれば)、青緑色細菌とも呼ばれるシアノバクテリアは太陽からエネルギーを、空気中の二酸化炭素から炭素を、水から電子を取り入れて糖を作る。酸素は有毒な老廃物(シアノバクテリアにとっては)、いわば気体の糞のようなものとして放出され、この生物の体外へ運び出されなければならない。さもなければ死んでしまう。

地球上に生命が現われたばかりのころ、バクテリアは、その排出された酸素を使って自らのエネルギーを作り出せるように、また空気中の窒素と土中のリンを取り入れて生きるために役に立つ分子――アミノ酸やDNAを構成するものなど――を合成できるように進化した。細胞壁がないと、内部のタンパク質と糖の濃度が高くなったとき、それに比べて周囲の化学物質の濃度が希薄であれば細胞は破裂してしまう。細胞外の液体の、例えば塩分濃度が細胞内よりも高いと、膜とそれを通してさまざまなイオンを能動的に運ぶ機能がなければ、生物はしぼんで死んでしまう。境界を持つこと――そこにコントロールされた漏れ口があること――は、生命にとって不可欠だ。エネルギー、情報、物質を環境と交換できる系を、私たちは開放系と考える。その反対は、境界が何も出し入れさせない系だ。すべての生物は、人間を含め、開放系だ。

細胞に入ってくるエネルギーの一部は、ナトリウム‐カリウムポンプのような機能を動かすために使われる。これは細胞内部のカリウム濃度を高く、ナトリウム濃度を低く保つ役割を果たすと同時に、細胞壁を通って他の分子を輸送するためのものだ。一部のエネルギーは直接プロトン勾配を作るために使われ、それはさらに、例えば回転鞭毛、つまり尻尾を動かすのにも使われる。これで単細胞生物は、小さなモーターボートのように動き回ることができる。しかし入ってくるエネルギーの多くは、分子を形成する化学結合の中に蓄えられる。これを保証された貯蓄国債だと考えてみよう——もっとも、近ごろでは、マットレスの下に現金を敷いておくほうが安心かもしれないが、結合が壊れると、このエネルギーが放出される。アデノシン三リン酸（ＡＴＰ）は、窒素、リン、酸素を含む、もっとも普通のエネルギー貯蔵分子の一つだ。このエネルギーはあちこちに移動して、あとで使うことができる。

エネルギーは太陽から地球に絶えず降り注いでいるが、そこに火山や地熱を源とするものが加わる。熱と太陽光線から受け取る細胞外の高いエネルギーは勾配を作り出し、過剰なエネルギーを散逸または利用する方法として複雑な構造の発生を促す。さもなければ生物は茹だって死んでしまう。こうして生物は貯蔵物質だけでなく、細胞内小器官と膜に覆われたＤＮＡの鎖（バクテリアではプラスミド、真核生物では細胞核）のネットワークも発達させた。このため、一部の複雑系の学者は、生命は複雑系として、平衡から離れたところにしか発生・存在しないと主張している。つまり、もし何もかもが平衡にあれば、生物の体壁を越えるエネルギー勾配がなく、無秩序の度合い（エントロピー）も内と外で同じになる。すると生命は存在しないだろう。レナード・コーエンの下手なもじりで言えば「生命は仕切られ、穴だらけだ。だからエネルギーが流れ込む」ということだ。

こうした太古の細胞の反応は、浸透性のある膜で取り囲まれ、利用できる化学物質が入ってきて、利用できないものや有毒な生成物が漏れだすか押し出されるという比較的単純なものから始まった。入ってくるエネルギーのすべてに対応する構造を作っていくうちに、それはかなり複雑なものへと進化していった。

地球上の生命の長い歴史の中で、嫌気性生物——酸素があると生きられず、そのため酸素を老廃物として生成する生物——は、好気性生物——酸素を必要とするもの——より先に発生したらしい。二、三〇億年ほど前まで、大気の主成分は二酸化炭素（九〇パーセント）と、メタンや硫黄など我々が有毒だと考えているその他のガスだった。こうした初期の生物は、太陽が輝くかぎり大気は永久に変わらないと当然のように思っていた。言い換えれば、このような大気の中で成長し繁殖できるものだけが生き残ったのだ。生態学者の中にはこれについて、生物が未来は過去と同様であることを予想していたと表現する者もいる。また、哲学者のカール・ポパーのように、生物やさらに大きなシステムが、一定の方向に進み続けようとする一種の「傾向」としてこれを表現する者もいる。どのように表わそうと、この「当然のことと予想する傾向」は、明日がまがりなりにも昨日と同じでなければうまくいかない。そんな風に決めつけていたものたちの化石は、地球上のあちこちに散らばっている。
二、三〇億年前、「有毒」な酸素の廃棄物が大気中に蓄積し、二酸化炭素が減る（現在では約〇・〇二パーセントだ）につれ、このような初期の嫌気性生物は視界から「消えて」いった。数兆が死んだのだ。[*1] しかし死に絶えたわけではなかった。一部は生き残り、地球上の酸素がないか希薄なさまざまなところで、今も繁栄している——地中深くで、水中で、読者を含めたあらゆる動物の腸内で。嫌気性生物は重大な問題を引き起こすこともある（ボツリヌス中毒と破傷風はいずれも嫌気性菌によるものだ）が、それでも現在の生命にとって欠かせないものだ。

やがて、時期はところによりまちまちだが、他の生物の老廃物を利用することができる生物が現われた。普通は細胞壁の外に輸送されてからだが、微生物の中には他の生物の内部、「老廃物」が生成されている場所の近くまで入り込むものもいた。こうした微生物は居候生活に順応し、共生関係を作りあげ、「寄生者」も「宿主」も共に利益を得られるようになった。共生というと地衣類、つまり藻類と菌類の組み合わせを連想しがちだが、私たちの器官と身体を形作る細胞も共生していると考えてもいいのだ。生命誕生の初期に起きたことのある説明によれば、細胞一つひとつの内部にあるミトコンドリア（このおかげで私たちは多細胞動物でいられる）は、古細菌の中に入り込んだバクテリアの子孫だろうとされる。

言い換えれば、個々の生物――植物と動物――は複雑な形で互いに影響しはじめ、依存しあうようになり、その過程で我々が生態系と考えるものを作りだしたのだ。生態系という観念は、一部の生態学者の間では議論になっている。個々の生物とは違い、生態系には目に見える膜や遺伝子がないからだ。これを複雑にしているのが、科学者の多くが機械的・直線的に考えるように訓練されていることだ。そのため彼らは、長い時間をかけた生態系の発達を、生物に自然選択がはたらいた結果以外の何かとして概念化するのに苦労している。

ここで、そして本書全体を通じて、私は生態系が「実体」として存在するかのように語っている。この件について私は態度を決めかねている――不可知論的だと言われそうだが――ことを覚えておいていただきたい。それでもやはり、生態系という言葉は、養分、エネルギー、情報（種子などのＤＮＡとＲ

NAの容器という形で）の、また、それらの総合的な（表面に現われた）作用の互いに絡み合ういくつもの道筋について語る上で、手早くて便利なのだ。生態系が物理的実体として存在しようがしまいが、生態系という言葉と、それが喚起するメンタルモデルは、私たちが住む複雑な世界を理解するための便利な道具を与えてくれる。顕微鏡で多種多様な細胞を見ているところを想像してみよう。顕微鏡を離れると、違うものが見えてくる。細胞は、実はより大きなものの一部であることがわかる。細胞を見ているのではなく、植物や動物を見ているのだ。今度は自分が巨人になって、植物や動物（人類も含む）が顕微鏡のスライドガラスの上でうごめいているのを見ているところを想像してみよう。顕微鏡を離れると、動植物の代わりに生態系が見える。これを何度か練習してみよう。細胞から生物、それから生態系（さらにその先へ）と移動するのに必要な想像力は、ウンコのやっかいさに取り組む上で役立つ、複合的で重層的なつながりの理解のために重要だ。

こうした生態系というものは、それを構成する生物に比べていくらか境界がゆるく（サンゴ礁や北方林を考えてみよう）、エネルギー、物質、情報交換についての独自の内部および外部ルールを発達させている。ある生態系を構成する種と、それらの関係の特性は、歴史（人間の活動と、ある特定の時期に、どの種子や動物がたまたま都合よくそこにいたかの両方の意味で）、土壌の性質（常在菌も含め）、利用できる水の量、気候に左右される。だから北方林とサンゴ礁があり、半乾燥の草原と冷たい海洋系があり、それぞれに異なる種と異なる（そしてたいてい移りゆく）境界がある。それを構成している生物のように、生態系は未来が過去とあまり変わらないというある種の想定にもとづいて作られている。

隕石の落下や人口爆発や地球温暖化や大量の排泄物を予測してはいないのだ。近隣の種が死に絶えたり去っていったりすることも予想していない。予想しているのは春夏秋冬、乾期-小雨期-乾期-大雨期、五年から一〇年ごとに変動する一定温度で一定方向の海流だ。これらの予想は、ＤＮＡと居住する状況との関係に組み込まれている。

これを少し違う形でまとめてみよう。もう一度、世界を異なった空間規模で見たときの、複合的な生命の層を想像する能力を訓練する。個々の動植物は、相互作用を持つ単細胞生物のよくまとまった群集に似ている。エネルギーを取り込み、それを使って構造を作り、いらないものを排出する。単細胞レベルで起きているように、ある多細胞生物から排出されたエネルギーが、他のものにとってまだ相当な残余価値を持っているかもしれない。例えば、植物は食べられたり、葉のような体の一部を落としたり、枯れることによってエネルギーを伝える。これが菌類、バクテリア、昆虫に食料を与える。この過程は地球の視点から見れば分解だが、これら小さな生命体の、そして例えば、昆虫の幼虫を食べる鳥の視点から見れば、実は合成、再合成の過程だ。いわば植物が提供する材料が楽器の音色で、積み肥が交響曲なのだ。我々（動物）も死んで同じ分解と再合成のサイクルに入るが、その前に私たちは植物や他の動物をたくさん食べ、大小さまざまな他の生物にまだ有用な大量の養分とエネルギーを、ウンコとして渡していく。この活動はすべて、未来は過去と、少なくとも似たり寄ったりであるという想定、一種の生態的安定性にもとづいている。こうしたあらゆる相互関係から出てくるものが、私たちが生態系と呼ぶものなのだ。

再び小さく考えると、多細胞生物が単細胞生物（彼らは体液や遺伝情報の共有について人間ほど消極的ではない）の狂騒からどのように発生したかを想像することができる。少し離れると、単細胞間の相互作用が生み出したものの中で、植物と動物は、エネルギー、情報、栄養を仲間や環境全体と交換する上での、共通点を持った二つの戦略を代表しているのがわかる。

植物は、普通一カ所に根を下ろして、周囲にある太陽光、土壌、水から最良のエネルギー源と栄養源を選ぶ。動物は、通常移動能力を持ち、できるだけよい供給源まで動く。私たちが植物と思うものと動物と呼ぶものの境目は、明確でないこともある。ある時はあちこち動き回って動物のように振る舞い、ある時は一カ所で植物のように成長する粘菌のような生物もいる。サンゴは産地の近くにとどまっていることが多いが、海草は生まれたところから遠くまで漂っていくことがある。海洋環境に生息し、有毒な赤潮を形成することがある渦鞭毛藻（うずべんもうそう）の中には、太陽エネルギーを（光合成により）利用できるものもいるが、そうでないものはむしろ単細胞動物のようだ。この生物は動物学者と植物学者の両方によって分類されている。まるで名前をつけることで自然を分類に当てはめることができるかのように。このような植物、動物、植虫類が重なり合う中に、ウイルスとバクテリアの集団がいる。これらは動物と植物の体内外を両方とも動き回ることができ、動物でも植物でもない。

ここで覚えておくべき要点は、どのような命名法や分類法も、たとえ目に見える特徴にもとづくものであっても、結局は人間が利用するために人間が作ったものであり、何にもまして私たちの観察の尺度と視点に左右されるということだ。廃棄物とウンコは動物と植物に関連する分類であって、生態系に関わるものではない。生態系においては栄養循環を分類するほうが重要だ。これは、廃棄物として扱われる時にはウンコと呼ばれるもの、そして生物圏の生命にとって必要だと、ほとんど考えられていないものに取り組むときに重要になる。

ウンコを私たちから切り離されたものとして考えるのと同じように、植物と動物を分けて考えることは、大半の人間の関心が向いている普通の日常生活における実用的レベル、つまり顕微鏡を覗いたり宇宙から見下ろしたりしているのでなければ、まったく有効だ。日常生活では、植物が厳密には動物と同じようにして排泄物を作りだしているわけではないことがわかる。さらに、嫌気性バクテリアであれば茂みからやってくる酸素の臭気に不快になるだろうが、私たちのほとんどは、夜の森のすがすがしい空気の香りを心地よく思うだろう。

植物は太陽と水からエネルギーを、周囲の土壌から養分を取り入れてバイオマスを作り出すように進化してきた。こうした投入物の源は、植物の生えているところにあるか、そこに届かなければならないので、植物の根の細胞は利用価値のある分子を選んで、そうでないものを土壌や水に残そうとする。植物には消化器官がないが、その根はある意味で動物の腸が裏返ったようなもので、根の表面は腸の内層の細胞と似たはたらきをする。植物が（葉から）排出する廃棄物は、主に酸素（日中）と二酸化炭素（常時）だ。

植物は狭い範囲の資源にしか頼れないので、子孫が新しい土地に移って、近隣の資源に過剰な負荷がかからないようにできれば、おおむね好都合だ。どこに生育しているか、周囲にどのような生物がいるかによって、その地域での競争問題に対処するさまざまな戦略が進化した。通常こうした戦略には動物――鳥、魚、移動性の草食動物――が関わっており、種子をウンコに乗せて運ばせることが多い。つまり、動物とその排泄物をどう扱うかは、植物にも深く関わっているということだ。再び、この関係を理解するためには、そこから現われてくる生態系を見て、細胞から生物へ、そしてそれらが一角をなしている生命の網の目へと、めくるめく視点の移行を続けていかなければならない。

クマやヒクイドリからオオコウモリや魚まで、さまざまな動物は果実を食べて種をウンコと共に出すことで、多様な植生の森林を作り出し、植物を広い範囲に運ぶ。遊牧民も間違いなく、かつてはこの役割を果たしていた。動物のウンコは多種多様な植物種の拡散と生存に、したがって人間が居住してきた環境に欠かせないものだ。

ある種の植物は、分散の地理的範囲を制限するように（つまり子どもを親の近くに置いておくように）他の種と「共謀」している。例えば、オーストラリアにあるマングローブのヤドリギの実を食べる鳥は、種を一〇分以内の場所に落とす。種に緩下剤としての性質があるからだ。

しかしすべての種と苗が生まれた場所の近くにとどまろうとするわけではない。場合によっては、親木のあまり近くにとどまった種は、親と養分の取りあいになり、親木のまわりに集まった病気や害虫にやられてしまうだろう（競合的群生）。若い動物も巣を離れ、新しい縄張りと食料源を見つけるためにさまよい歩くことがある。植物はこのように動物とその排便習慣に依存することが多い。

どの種子や胞子がどの植物から来たかを追跡する科学は、新しい遺伝学的手法を待ち望んでおり、知れば知るほどそれは複雑に思われてくる。鳥やコウモリは、またヤギやシカなどさまざまな草食動物、キツネのような小型の雑食性哺乳類は、種を撒き散らす。植物相の多様性を保つためには、キツネ、シカ、ヤギ、鳥、ハチ、コウモリが、どこまで移動し、どこでウンコをするかだけでなく、何を食べるかを知らなければならない。これはまた直感的なものではない。少なくともいくつかの研究で、小型哺乳類は、例えば同じ地域のコウモリより遠くまで移動し、岩がちで開けた土地に種を落とすと見られている。

植物の中には土の中に毒素を排出して、他の植物を寄せ付けないものがある。排出メカニズムを持たないものは、毒素を閉鎖された構造の組織内（小胞）に保持するか、化学的に固定して（カドミウムのような重金属をそうするように）、体内循環から隔離しなければならない。植物は排便に近いものとして、感染した葉を落とすことがあり、この過程を離脱と呼ぶ。植物の中にカドミウムやセシウム一三七（生物システムの中でカリウムに似た挙動をする放射性元素）のような毒性のある元素を含んでいるものがあることは、排泄物についての話の中では脱線のように思われるかもしれない。だが、二一世紀の現代、人間は植物を栽培し、それをよそへ輸送してウシやブタやニワトリに与え、動物たちは要らないものをウンコにして出す。そのような時代、植物に含まれるカドミウムやセシウムは、少なくとも興味深く、おそらくは気がかりだ。

植物が枯れると分解され、バクテリアはエネルギーと養分（植物が空気中から取り入れた窒素や土壌から取り込んだリンなど）を他の生物に戻すことができる。植物やその廃棄物は動物の餌となる。

反芻動物（ヒツジ、ヤギ、シカ、ラクダ、キリンなど）は、いくつもつながった胃――こぶ胃、蜂の巣胃、葉胃、しわ胃――を持ち、そのため例えばウマ、ブタ、ヒトなどに比べて、植物性物質をより完全に消化することができる。こぶ胃は沼のようなもので、約二〇〇種のバクテリアと原生動物が中でうごめいている。ある種の嫌気性菌はセルロースを消化でき、だから反芻動物は人間と違い、草やわらをエネルギー源として利用できるのだ。原生動物はバクテリアを食べ、死ぬとバクテリアの餌となる。そのすべてが反芻動物にタンパク質を供給する。

セルロースを消化するバクテリア（これはシロアリの体内にもいて、木材を食べられるようにしている）が重要なのは、その消化能力だけではない。これらの微生物は植物のセルロースを取り込み、消化し、それをほとんどありとあらゆる供給源（ニワトリのウンコ、アンモニア）からの窒素と合成してタンパク質を作り出す。このような微生物が死ぬと、それがウシやヒツジやシカのタンパク源となる。だから反芻動物は、鳥や人間や、その他反芻をしない動物ほど食餌からタンパク質を摂る必要がないのだ。これは、例えばニワトリとウシの飼料効果を比較した表を見るたびに、私が困ってしまう理由でもある。表の中ではいつもニワトリが優れているような結果が出ているのだ。しかし生態学的に見て重要な点は、ウシはヒトの身体にとってまったく役に立たない植物性物質を食べることができることだ。ニワトリは、セルロースを消化できないので、タンパクおよび炭水化物の供給源として、脂肪種子、ダイズやエンドウマメなど豆類、オオムギやコムギといった穀類、魚粉のような動物性タンパク質など、一部人間と同じものを取りあう。

廃棄物は動物の後部から出てくるのが普通だが、常にそうとは限らない。クラゲなど単純な無脊椎動物は、消化されなかったものを吐き戻す。口からウンコをするみたいなものだ。この種のものは一部の脊椎動物でも見られる。あなたがハゲワシ、フクロウ、タカのような猛禽類、あるいは貝を食べる海辺の鳥、あるいはマッコウクジラだったら、消化されない骨、くちばし、毛皮、貝殻を、痛いのを我慢してむりに腸管から押し出すのと吐き戻すのと、どちらを選ぶだろうか。私なら選べといわれたら、正直なところやはり口から戻して、それからジントニックのチェイサーで口の中を洗う。

硬骨魚類、サンゴ虫、イソギンチャク、ウミエラ、ウニ、ヒトデ、その他の古い動物（古いとは二、三億年ほど）の細胞は廃棄物——多くの場合毒性のあるアンモニアが高濃度で含まれる——を体内循環液に放出する。そこから廃棄物は周囲の水へと発散される。この場合、昔ながらの汚染の解決法は実際に希釈することだ。

いま私が述べた食物摂取、廃棄物処理、排泄から、また一歩下がってみよう。私たちが住む世界は、廃棄物やウンコを作り出す木やウシや鳥、そしてそれぞれの相互作用が集まっただけのものではない。こうした相互関係のすべてから見えてくるもの、一歩引いて自分が巨人になったと想像すると見えるものが、人によっては生態系と呼ぶものだ。自分がその一部となる大きな網の目を想像できることは、心構えを「持続可能な畜糞管理」から、一切の無駄がない生物圏での持続的な生活へと移すのに欠かせない。このすべてを包み込む生命系を思い描けるなら、このように想像できるだろう。ウンコは存在しない。
人間を支える生態系には陸域と水域があるが、その境はごくゆるやかなので（そしておそらく、我々の想像の産物にすぎないので）、さまざまな境界が重なり合い、またがっていることがある。カバ、クマ、カワウソのような水辺に棲む種は水陸の境界を越えて栄養を運ぶ。[*2] こうした越境する移動は、系の境界の存在を否定するものではない。それは、食べてウンコをすることが人の存在を否定しないのと同じだ。

魚が陸生植物の種子の散布に重要な役割を果たす場合もある。アマゾン川の水銀汚染問題に取り組んでいる私の同僚たちは、現地の人々に他の魚を食べない魚だけ食べるようにとアドバイスしている。これはヒトの健康を守る上で重大な勧告だ。最上位捕食者（他の魚を食べる魚）には水銀がもっとも濃縮されているからだ。しかし、他の魚を食べない魚の中には、水に落ちた果実を食べ、果樹の種子を新しい場所に運んで糞と共に出すものがいる。種を運ぶ魚を人間がみんな食べてしまったら、果樹はどうなるだろう？　一世代あとに、魚と人が食べるための果物はあるだろうか？　だから、個々の動物種、例えば我々人間にとっていいことが、未来の人間を支える生態系にとって、必ずしもいいとは限らないのだ。

海洋生物の排泄物には、水中の食物網と生態系にとって、種子散布以上に重要な役割がある。ほとんどの水生動物の糞は、水分含有量が九〇パーセントを超えているため、粘膜に包まれた塊として形を保っている。魚の群れはカバやマナティーのあとについて糞を餌にするか、カバやマナティーの糞を餌にするプランクトン（浮遊する非常に小さな生物）を餌にする稚魚を食べている。ある種の魚は、ジンベエザメの総排出孔をかぎ回る危険な生活をし、びくびくしながら短い一生を送る。そこでは栄養分が手に入るので、綱渡りの暮らしをするだけの価値はあるのだろう。

初めのうち、単細胞生物は、温かい海に浮かび、膜を維持し、化学物質を吸収して廃棄物を排出し、ただ生きているだけだった。そんな単純なところから始まって、さまざまな場所、さまざまな方法で、情報、エネルギー、栄養を交換し、複雑な関係を築いた、相互に作用し依存する生物が凱歌を揚げた。数多くの動植物種がこうした局所的なシステムで相互に作用した。時に、このような生態系とそれを作る生物が想定していた未来が、突然過去とは違うものとなってしまうこともある（例えば暖かい地球から氷河時代への移行期間）。するとそれらは死ぬ。続いていくのは元素と情報とエネルギーの循環だ。

進化する生命を微生物と多細胞の動植物が複雑に織りなすシステムとして見てきたことで、私たちは今、根本的に違うものの見方をするようになった。私たちを取りまく環境で相互に作用している動植物は、目に見えない循環プロセスを構成するものとして体系的に見ることもできるのだ。考えうる多くの元素と栄養の中で、排泄物が重要な役割を果たす三つの循環について、簡単に触れる価値がある。すなわち窒素、リン、水だ。

窒素とリンは共にアミノ酸、タンパク質、遺伝物質の主要な構成要素だ。大気のほぼ八〇パーセントは窒素だが、それは生物系が利用できない形で存在している。ある種の特殊な微生物は空気中から窒素を取り入れ、「固定」つまり動植物が利用できる化合物に組み込むことができる。シアノバクテリアの中にはこれができるものがいる。マメ科植物（インゲンマメ、エンドウマメ、クローバー、ある種の樹木など）の根系の小さなこぶに棲んでいる根粒菌も同様だ。この能力があるため、これらのバクテリアは生命にとって欠かせないものであり、また、マメ科植物がよく輪作に加えられる理由でもある（クローバーを育てて土にすきこむことで、利用できる窒素が増える）。シアノバクテリアにはもっと矛盾した面がある。あるシアノバクテリアは窒素の豊富な肥料や食品として利用される（例えばスピルリナはアメリカをはじめ各地で、一部の人から健康食品だと考えられている）。また別種のものは、人畜を死亡させる力を持つ（そして実際に死亡させている）有毒な「赤潮」の原因となる。いったん窒素が生物群集の中に入ると、多様な植物、動物、バクテリアのあいだを循環し、最後にはさまざまな形の脱窒作用で大気中に戻る。ある種のバクテリアはこれを、たいてい酸素要求量が供給量を上回る場所（沼や汚染された川など）で行なう。

リンはタンパク質と遺伝物質、脂肪、細胞壁、骨、歯、殻の不可欠な要素だ。窒素と違い、大部分のリンは岩や堆積物にしっかり結びついており、水に溶けだしてゆっくりと海に向かう。魚を食べる鳥のグアノは、リンを海から陸へと運ぶ重要なメカニズムだ。そこでリンは陸生の動植物に再利用される。ウンコと腐敗によって、こうしたリンの多くは土、川、そして最終的には海底か岩石の循環へと戻る。

水はあらゆる形の生命に欠かせないものであり、地球上で生命が存続するためにくり返し利用されなければならないものだ。今では昔より水が少なくなってしまったということもなく、地球ができたときよりたくさんあるということもありえない。水は、多くは人間によって、再分配されるだけだ。この水の中には、人間が直接利用するものもある。あるいは家畜や農作物が使うこともある。私たちや飼っている動物が使った水は、やがて糞尿として排泄される。

太陽エネルギーの力で、水は蒸散により大気中に入る。のちに重力によって地上に落ちてきたり（雨や雪）、凝結したり（露）して、バクテリアや動植物に取り込まれる。陸上動物のほとんどがそうであるように、人間は平均して六〇パーセントが水でできている（脂肪の量や年齢で多少異なる）。やがて水は流れて海に還る。海は地表の七〇パーセント以上を覆っている。動物の飼料と人間の食料が世界中を動くとき、大量の水も動いていることになる。国境を越えて水を売ることに反対する人たちは、これを計算に含めようと思うかもしれない。この話題にはまたあとで戻ることにしよう。

絶え間なく変わり続ける生物圏を、相互作用する生物の網の目として見るにしろ元素の壮大な循環と見るにしろ、私たちが現在、地球として理解しているものは、ウンコなくしてはまったく存在しえなかっただろう。生態学的な視点から、畜糞の生産と管理を見るとき、汚染と個人の健康問題としてだけでなく、種子の散布、水・元素・栄養の移動、微生物生態学、土壌の補給と疲弊、地球上の生命の長期的な繁栄としても考えるべきなのだ。

これが動物の糞の性質と分類が重要であることの理由であり、食料生産と畜糞管理の世界的な解決策が、しばしば道を誤り危険である理由だ。動物の糞は、それが林間の空き地であれ、そよぐ草原であれ、深山の谷間であれ、ある場所の環境を作るのに欠かせない構成要素だ。動物の中には、渡り鳥や回遊魚、大型の草原性哺乳類（カリブー、バイソン、ヌーなど）のように、栄養や種子を糞と共に遠くまで運んでいき、新しい場所で変化と革新を可能にするものもある。

二一世紀がこれまでと根本的に違うのは、エネルギーと栄養を移動させる早さと規模と地理的な範囲を、人間が拡大させていることだ。私たちが住む世界は、一〇〇年前とただ違うだけではない。根底から劇的に違っているのだ。過去数千年で築いた組織戦略の中に、明日やって来るものに私たちを順応させてくれるものがあるかどうかも、さだかではない。やたらに交尾してどんどん増える人間や家畜化した動物が、ウンコを過剰に生産する速度と、量と、地球規模の到達範囲との折り合いを何とかつけることなく畜糞の問題に取り組むことは――それどころか道徳的に行動することは――できない。

この泥沼から抜け出す方法を想像し、そして実行するために必要（十分ではないが）なのは、私たちを生かしている生態学的関係をそろそろ理解することだ。リン、窒素、炭素のような生命に欠かせない元素がどのように生態系の中で循環するかを調べれば、農業技術者や都市工学者は、バイオソリッドを扱うための「ベストプラクティス」を開発することができる。

しかし、人類を生んだ自然界を、ふるさととして想う心を取り戻すために、私たちはさらにこの先を行く必要がある。細胞から動物、そして生態系への意識の転換を続けよう。それをさらに素粒子から宇宙にまで拡大しよう。それから今私たちが生きる場所に戻って、見ているものすべてが、今の自分と未来の自分をあらしめるために、どう連動しているかを考えるのだ。このように自分自身を考え直すことの入り口となる一つの方法が、ある時と場所での人間を含めた個々の動物の食と排泄の行動を考えることだ。このような行動と、それに伴ってできる排泄物は、元素を循環させ、環境を形作り、生態系が発生し、我々が我々であるよりどころとなる「現実世界」のメカニズムを表わす。これは次からの数章でこの本の主題となる。

＊1――数千年にわたり人類や他の動物が「神の業」によって定期的に大量死していることから、私は「神はプロライフである」（訳註：文字通りには「生命尊重」の意味だが、一般に「中絶反対」のスローガンとして通用している）というバンパーステッカーは正しいのかどうか、考えざるを得ない。もしそうだとすれば、神はそれを示すのに奇妙な方法を取っていることになる。

＊2――この任務の遂行には、おそらく身を切られるような自己犠牲を伴うことがあると考えられる。ある野生動物研究者から聞いた話では、カワウソの糞には「貝殻がたくさん」入っていて、「彼らの肛門が何でできているんだか不思議でしかたない。絶対に痛くてたまらないはずだ」という。

＊3――まれに、生きた動物も糞を通じて、新しい、地理的に離ればなれの場所へ運ばれることがある。日本産のメジロは果実を食べ、種を散布する鳥としてよく知られている。二〇一一年に日本の研究者は、二・五ミリの小さなカタツムリのノミガイがメジロの胃腸を通っても生きていることを報告した。一匹の貝は糞の中から現われてから子を産んだ。

第四章　動物にとって排泄物とは何か

単細胞生物は、自分の周囲を囲む膜と、養分を取り込み廃棄物を押し出す能力に頼って生きている。生態系は、地理的に特定の場所での排泄物と死と循環を性格づける、共進化したルールセットに頼っている。動物は、私たちをすべて結びつけるもっともわかりやすい目に見えるリンクだ。

糞便は形、色、構造、匂い、環境中での位置によっておおまかに分類することができ、それぞれの性質から動物の生活とその生態学的な役割についてさまざまなことがわかる。これらの属性は、排泄物の材料ではなく公開の様式——いわば世界へのプレゼンテーション——を定義するものとみなされるだろう。私たちは排泄物に、まずこのようにして注目する。ここに味を加えてもいい。これは子どもの頃に探求した人もいるだろうが、このような情報を共有しようという人は多くはなく、ヒトの糞食について述べると、読者の嫌悪や非難がとても大きい。とりあえず、そういうこともあると言っておけば十分だろう。

糞便の養分含有量、匂い、構造は、種内で多様な役割を果たし、さまざまな動植物種をつなげてひとまとまりの生態系とするように共進化してきた。どのような方法であれ糞を調べれば、わかることがたくさんある。

匂いは糞の非常に重要な特徴であるが、それは人に嫌な思いをさせるからだけではない。雑食動物や肉食動物では、人間も含め、糞の臭気は消化されていない食物にバクテリアが作用して、スカトール、インドール、メルカプタン、硫化水素など硫黄を含む分子が放出されることで発生する。動物種の中で、あるいは種の間で糞が果たす多くの機能——生態学的機能ではなく——は、食べたものの化学的組成、腸内での処理方法、体外への排出方法の違いがもたらす匂いの特徴と関係する。少なくとも一人のスウェーデンの研究者が、人糞は尿と混ぜると窒素が加わって悪臭のする生成物ができるので、混ぜなければそれほど匂わないと主張している。

海流や量にもよるが、サメは遠く離れたところから、水中のヒトの糞の匂いを嗅ぐことができるらしい。しかし排泄物の匂いを多くの哺乳類は、サメを引き寄せるのでなくもっと有効に利用している。例えば肉食動物は、狩りの際に自分の匂いを隠すために、草食動物の糞を食べることがある。飼い犬の中には、この野生での習性を残しているものがいる。お金を払えばこの行動を取るイヌを「治して」もらうこともできるが、私なら人を噛むイヌより糞を食べるイヌを飼うほうがいい。もしかすると糞を食べることで餌の栄養を補ったり、細菌を補充して健全な細菌叢を維持することができるようになっているのかもしれないし、あるいは単なる進化の過程で現われた変な癖かもしれない。例えば風呂の中で歌って捕食者を追い払うような(私の場合、これが機能している)。

多くの獣医の考えでは、イヌの肛門腺というのは感染したり詰まったりして、よく訓練されたプロが指先で器用にしぼるために作られ、それを行なうために何年も学校に通い、やり方を勉強しなければならないものかもしれない。だが、肛門腺には別の目的もあるのだ。肉食獣（ハイエナを除く）の肛門腺分泌物は、排便の最中に糞にくっつき、特有の複雑な匂いで種類、縄張り、性、生殖状態、移動地域など重要な情報を伝える。この情報は他の肉食獣だけでなく獲物にとっても、捕食者が近くにいることを探知するのに役立つ。実に賢明に、ウシ、ヒツジ、サルなどはヒョウの糞の匂いを避ける。

人間は普通、動物を追跡するのに匂いを使わないが、匂いへの反応を形作る上で、それはやはり重要だ。ウシ、ブタ、イヌの糞で発する匂いが違うだけでなく、ある病気があると独特の匂いがする。発酵、炭水化物やタンパク質の分解、特定の微生物が生成する化学物質などの種類が違うからだ。私の獣医仲間の一人は、コクシジウム感染とパルボウイルス感染のイヌを、遠くからでも匂いで区別できると言っている。野犬はこういった匂いを、病気の動物を避けるために利用しているのではないだろうか。そうすれば確かに進化には有利だろう。だがおそらく、その利益よりも、高速で走る車から加えられる選択圧の強さが勝っているだろうが。

間違いなく動物の排泄物は、それを排出した個体や種にとってかなりの問題となる。それは主に匂いに関わるものだ。例えば、香水で自分の存在を他の動物に知らせることは、都合がいいとは限らない。これは特に捕食される動物について言えることだ。そこで自分の存在がばれないように、糞を食べる、埋める、すみかからいくらか離れたところで排便するなど、さまざまな戦略で対策を取る。鳥がひなの糞を運んでいって川に落とす、あるいはナマケモノが糞を埋める話はよく知られているだろうが、チョウの幼虫の中にはもっと派手な行動、時に糞射撃（フラス＝シューティング）とも呼ばれる糞の射出によって、捕食者を惑わせるように進化したものもいる。

体長四センチほどのブラジリアン・スキッパーのイモムシは、糞を一八〇センチも飛ばすことができる。だがほとんどの糞射撃手は、体長の二〇から四〇倍の距離の噴射——ただし秒速一・五メートル——で十分な効果を得ている（近い将来、「環境」オリンピックが開催されたら、ヒトもこの記録を伸ばそうとするんじゃないだろうか）。この変種として、オオミツバチのコロニー——一個に最高四万匹がいる——が集団になって飛び、体重の約二〇パーセントを黄色いウンコとして落とすことが知られている。ベトナム戦争中、このハチのことを知らない軍事評論家が、これはある種の生物戦ではないだろうかと考えた。たぶんそうだろうが、この戦争は他の種がしかけたものだった。おそらくは人間が自分たちの生息地を破壊することに激怒して。

動物がみんな、このように派手な戦術を発達させているわけではない。多くはヒトのように、食物や赤ん坊から離れた場所に専用の区画を設けるだけだ。これは捕食者の注意をそらすことと、友好的な動物（おそらくは同じ種の）に自分の存在を知らせることの両方の役割を果たす。例えばブタは本来、言われるように自分のうんちの上を転がったりしない。ブタは（可能であれば）小屋の中の餌から十分に離れたところに排便する場所を持っている。これはさまざまな動物と共通している。リャマははっきり分けられた区画（直径一、二メートルの）で排便する。タンザニアのセルー動物保護区のインパラは、糞で山を作る。南米のオオカワウソは川岸を踏み固めて大きな共同トイレ区画を作り、それで縄張りを区切る。アナグマとハダカデバネズミは糞をするための特別なトンネルを別に造ることがある。

フタユビナマケモノは交尾場所を知らせるために糞で山を作る。これは自分たちだけのためではなく、ナマケモノの毛の中に棲んでいる蛾のためでもある。ジェネットは単独性で長い尾を持つマングースに似た動物だ。これは木のてっぺんや岩の頂に共同の糞場を作る。これがフェイスブックのような役割を果たし、通りすがりの見知らぬ者同士が、つがいやライバルとなりうる相手をかぎ分けることができるのだ。ブッシュバックは排糞場所を異性とのコミュニケーションの場として使う。雌が合図を発し、雄は雌をじっと見て受け入れられるかどうか判断する。ヒトの進化においても、糞の山が同じように、生殖目的で他のヒトに出会う目印の役割を果たしていなかったか、考えてみるのもいいだろう。「今夜ウンコの山で逢いましょう」という誘い文句でうまくいくとは私には思えないが、実を言うと、相手を捜していたころ、実際に試したことは一度もない。だから、いわばうまくいく証拠がないだけで、うまくいかない証拠があるわけではない。もしこの手でうまくいったという人がいれば、ぜひ教えて欲しい。

動物の排泄物が発する匂いは、動物の行動と生態学を研究しようという生物学者にとっても重要だ。糞の匂いを調べること（いわゆる野生生物の生態研究と保全のための糞中心アプローチ）は、他のもっと侵襲的な手法による野生生物の食習慣に関する情報収集、例えば発信器付きの首輪の装着と同じくらい有益で、倫理的により正当化しやすい。

だが肝心の糞を見つけるのが、特に原野では一苦労だ。一つの方法が、イヌを使ってかぎ出すことだ。すでに空港で麻薬など密輸品を探し出したり、犯罪者や人質の居場所を突き止めるのにイヌが使われている。野生動物の糞を探すようにイヌを訓練したらどうだろう？　実はもう行なわれている。ミズーリ大学の生物学者、カレン・デマッテオはトレインという名のチェサピーク・ベイ・レトリーバーを訓練して、南米の野生動物の糞を見つけている。トレインが見つけた数百個の糞の分布を研究することで、デマッテオはピューマ、ジャガー、ヤマネコ、ヤブイヌの生息地の選好を記述した。もう一匹のイヌ――タッカーという名前のラブラドール・レトリーバーの雑種――は、ペットとしても警察犬としても落第したのち、ワシントン大学保全生物学センターに雇われた。タッカーは水を怖がるが、クジラのうんちの匂いが大好きで、あとを追って海に飛び込む。おかげでクジラの追跡をする人たちはとても助かっている。

糞探知犬と、遺伝子解析とＤＮＡキャラクタリゼーションの最新テクノロジーを合わせれば、動物が野生でどこを移動し何を食べているかについて豊富なデータが手に入る。これは、種の絶滅を防ぐために守る必要がある生息地の規模と種類を特定し、自然界における複数の種の関係を理解するために重要な証拠である。

糞が見つかったら、セルーでの二人のガイドのように、形、色、大きさ、内容物から、近くにどんな動物がいて何を食べているかがわかる。例えば、私が住んでいるところから北にある、ナイアガラ断層に沿ったブルース・トレイルで見つかるクマの糞は、たいていベリーの種がぎっしり詰まった太い丸太のようだ。カナダ西海岸では、クマの糞に魚の骨とベリーの種が混ざっているのが見られるだろう。

ヒトの排泄物の特徴は、人間が何を食べているか、その食餌の結果健康状態はどうかを判断するために、特に屋外での排泄がまだ一般的な地域では利用されている。アフリカ諸国と西欧の先進工業国との比較研究にもとづいて、デニス・バーキットらは、食物繊維に富む食餌がさまざまな病気や不調を防ぐために役立つことを示した。予防できる病気は裂孔ヘルニア、真性糖尿病、冠動脈疾患、大腸憩室、大腸ガン、虫垂炎、静脈瘤、痔などだ。バーキットは、アフリカで早朝に低木林を散歩して撮った、たくさんの人糞のスライド写真でも有名になった。これは、私の妻に覚えておいて欲しいものだが、私が休日に時々撮っている動物のウンコの写真に一歩先行するものだ。ある国民の健康状態は、その便の大きさ――食餌に繊維が多いほど便は大きくなる――と、浮かぶか沈むか（人間がではなく、便が）で判断できると、バーキットは言ったそうだ。この観察結果から、北アメリカのベビーブーマー世代（実のところ私もその中の一人だ）は、健康食を強迫観念のように強く信奉し、オートブランやウィートブラン、グラノーラのようなものに幻想を抱くようになったのだ。

このようにベビーブーマーが食べ物を変えたことが、土地利用と排泄物にどのような結果をもたらしたか、十分な調査が行なわれたことはない。私たちはより多く排泄物を生み出している。だが、それはよりよい排泄物だろうか？　この排泄物になった食物は、土壌にとってより好ましいのか？　このような疑問は、私たちが便秘に悩まされるかどうかより、地球にとってはるかに重要なことだ。

繊維と健康に関するバーキットの報告は、ほとんどそれだけで北アメリカに高繊維質食品と食事法への要求を大幅に高めた。だがバーキットは、クマの個体群については触れていない。糞に含まれる種がクマの健康について何を意味しようと、糞に種が含まれていることは、この動物がこの地方の植物の生態にとって重要であること、植物をすくすくと育てるすばらしい肥料を含んだ魚の残滓に包んで、種を新しい場所に運んでいることを、私たちに教えている。クマがいなくなったら、ベリーはどうなってしまうだろう？　クマが大挙して押し寄せたら、河岸地帯はどうなるだろう？

クマは、その故郷である生態系の主要種であるが、他の動物たちも人間文化の発達に重要な役割を果たしてきた。草食動物は植物のセルロースを消化して、乳、血、肉などに変え、人間にも消化できるようにすることができる。すると、飛行機の中の女性がヒツジとウシとウマについて質問したのは、たまたまではあるまい。そのすべてが、現代の人間社会の起源を代表する、半乾燥気候の草地での生活と遊牧生活によく適応したものだからだ。

ヒツジは、ウシとスイギュウを除く偶蹄類の例にもれず、円筒形か丸形で通常は片方の端が突き出し、もう一方がくぼんだ粒を小さな山にして落とす。

ウシ、スイギュウ、バイソンは、円形に積み重なった平べったい糞を落としていく。昔よくパイとかパットとか呼んだものだ。これは形が非常にはっきりしているので、飛ぶ虫を引き寄せ、卵を産み、幼虫が孵り、そうすることでウンコは鳥が食べられるタンパク質へと変わる。糞虫も引き寄せられ、糞を次の世代の糞虫へと変える。

馬糞はイボイノシシのものに似て——飛行機で隣の席の人に話すのにちょうどいいムダ知識だ——ソラマメ型と言われているが、私には黒っぽいライ麦パンに見える。そう感じたのは私だけではないようだ。というのは冒険心にあふれる企業が少なくとも一社、馬糞が道路に落ちる前に受け止める「バン・

バッグ」と呼ぶものを開発しているからだ。ウマの糞はリンゴに似ていると思った人もいたに違いない。だから「道のリンゴ（ロードアップル）」という言葉が生まれたのだ。もっともこのアメリカの俗語は、そもそもは旅芸人を指すものだったようだが。

なぜこのような形や外見の違いがあるのだろう？

ウシとヒツジは両方とも反芻動物でグレイザー、つまり灌木や木の葉ではなく水気の多い草を食べる。[*1] 四つの部屋からなる胃の中でこぶ胃は、とても大きな発酵消化槽のようなもので、その機能はすでに説明した通りだ。温かく毛深いウシの左脇腹の上部、腰骨が突き出しているあたりのすぐ前に耳を当てると、グルグルゴロゴロという音（「腹鳴」という）が聞こえる。このこぶ胃の中の液体は、濃厚な甘酸っぱい匂いがすると言う者もいる。反芻動物が食べたものの一部を吐き戻してもう一度嚙み、また呑み込むと、消化がさらに助けられる。これが反芻と呼ばれるものだ（子どもの頃、親に「どうして赤ちゃんはできるの？」と聞いたらもごもごと口ごもっていたかもしれないが、これとは関係がない）。

反芻するウシの群れがいる家畜小屋の中でわらの俵に腰掛けているときほど、すばらしく平和なことはない。そんなところで死にたいと思う。せめてそんなところに生まれ変わりたいと思う（こちらのほうが可能性はありそうだ）。

ヒツジもウシも共に草を食べるが、ヒツジは必要な水分の多くを草から取り、ウシに比べると飲む水の量が非常に少ない。その糞は乾いていて塊にならない。このようにヒツジは水の利用効率がよく、だから砂漠でウシよりも多く見られるわけだ。また、ヒツジは根元近くから草を食べる。放射性物質で汚染された牧草地を除染するために使われた（放射能を帯びた草を食べさせて取り除くことで）のはそのためだ。この採食行動には生態学的にもっと大きな意味もある。オーストラリアは毎年約二万五〇〇〇トンの羊肉と一〇〇万トンを超える生きたヒツジをサウジアラビアに輸出している。このことがオーストラリアの土壌からアラビア半島への栄養分の移動にどう影響するか、疑問が生じるかもしれない。もちろん、ヒツジが水気の多い青々とした牧草地で草を食べることもあり、そうすると生物学者のラルフ・リューインがクワの実状の「チビクソ（シットレット）」と呼ぶものを作り出す。この言葉を私は気に入っており、もっと使う機会を見つけなければならないと思っている。

キリンは、ヤギと同様、本来はブラウザーだ。と言ってもインターネットを見るときに使うものとは関係ない。背が低い草よりも樹木の葉を好む動物のことだ。キリンはまた反芻動物でもあり、自然が栄養を高い木の上からバクテリアへ、原虫へ、そして地面の糞虫へと受け渡すための手段である。彼らは水の利用効率が非常によく、水を飲まずにラクダより長距離を移動できる。だからその糞はヒツジの糞粒と似ているが、もっと大きく、チョコレート色の野球のボールのようだ。

ウマは反芻動物のような複雑な胃を持たない。その代わり大きな盲腸がある。小腸が大腸につながるところにある、虫垂を拡大したような大きな袋だ。この盲腸があるために、ウマは「後腸発酵動物」と呼ばれることがある。盲腸は数十億のバクテリアと原虫でいっぱいで、これが植物の繊維の分解と発酵を助ける。ウマはこれによって、液体と一部の栄養を大腸で吸収できるという多少の利益を得る。しかし、ほとんどの栄養は小腸から身体に吸収されるので、盲腸に棲む微生物のはたらきの多くは、ウマの個体よりむしろ生態系全体の利益となる。ウマはこのようにどちらかと言えば損をしているので、それを埋め合わせるために干し草や草を大量に食べ、あるいは優しい飼い主がそれより栄養素密度が高いオート麦をくれるのを待たねばならない。このプロセスによってウマが（そしてウシやヒツジやその持ち主が）棲む草地が肥え、草の成長が促され、個々のウマに大きな利益はなくても草地が支える群れの利益になったのではないかと考える向きもあるかもしれない。進化生物学者の中には、何を根拠とするにせよ、これを異端の説と考える者もいるだろう。だが私は世界を理解しようとするにあたって、イデオロギーよりも根拠に当たろうと思っている。

いずれにせよ馬糞は未消化のわらを含んでおり、こぶ胃の汁で液状化されていないために、ウシの糞より固い。

飛行機で隣の席の客を感心させたいだけの読者は、ここで読むのをやめて、質問に答えてもかまわない。それ以外の読者、ほとんどがそうだと願いたいが、排泄物とその生態学的持続可能性における重要性の問題に、思いがけず関心を抱いた読者は、どうか読み進めていただきたい。次に飛行機に乗ったとき、うっとうしい同席者を難しい質問で黙らせることができるかもしれないし、あなたのような（そして私のような）ひねくれた考えを誰かに持たせることができるかもしれない。

アナウサギ、ノウサギ、ナキウサギも後腸発酵動物だが、栄養損失の問題を、自分の糞を食べることで解決している。ウサギはウマのように、固く繊維の多いチビクソを落とすが、ウマとは違って、やわらかく色が濃い干しブドウのような糞粒（盲腸糞）の塊もひり出す。この珍味は胃の一〇倍の大きさがある盲腸で作られる。発酵した食物とバクテリアからできている粘液に包まれた盲腸糞を排泄するのは、飼いウサギは夜（昼間は普通の便を排泄したり食べたりする）、夜行性の野生のウサギは昼の間だ。通常、肛門に口をつけて直接食べるので、乾いたり栄養価が失われたりしない。

ウサギが肛門から盲腸糞をついばむのをじっくりと見ることは、ウサギを飼っている両親にも子どもにも、きっと教育的効果が高いはずだ。「パパ、うさちゃんはなにをしてるの？」と子どもは尋ね、自分も同じように器用なまねができるかどうかやってみる。小さな子どもは身体が柔らかいから、できてしまうんじゃないかと親は気が気でない。もしかするとここから、ホッケー選手しかいなかった家系にそんな選択の芽があるとは両親が思ってもみなかった、ヨガ・インストラクターとしての道が開けるかもしれない。

ヒト以外の動物にとって糞食、つまり故意にウンコを食べることは、品行方正を気取っていては生きていけない状況で進化した行動だ。ウサギについてはたいていの人が知っているが、熱心な学者（と、たまに暇はあるがテレビを持っていない一般人）は、ウマ、ウサギ、カピバラ、リングテイルポッサム、テンジクネズミ、ヤマビーバー、レミング、チンチラ、ヌートリア、クマネズミ、ハツカネズミ、スナネズミ、デグー、その他の齧歯（げっし）類、イヌ、ネコ、トガリネズミなどの、さまざまな食糞行動を観察している。

ヒト以外の動物の糞食は、栄養と防衛の二つの役割を果たすものとして発達した。親は匂い、とりわけ生まれたばかりの仔の匂いが捕食者にかぎつけられるのを避けようとする。例えば雌シカは、子ジカが生まれてから一カ月間はその糞を食べ、捕食者を引き寄せないようにする。おかしなことに、私は『バンビ』でそれを見た覚えがない。鳴き鳥の中にも、特にひなが非常に小さいときに、その糞を食べるものがいる（これもディズニーアニメでは見た覚えがない）。この行為を一部の行動生態学者は、正しい鳥の経済のためだとしている。親鳥は糞を捨てに行くコストを避けているのだ。しかし、多くの種類の鳥は、特にひなが大きくなってくると、粘液にくるまれたひなのうんちを拾って、近くの川や池に落とす。これは、もし鳥がいなくなると（例えば森林破壊や野良猫の群れの徘徊などによって）、水路の生物の豊かさも失われるということだ。

いくつかの種では、糞食は健康を増進し病気を防ぐ意味を持つ。ウサギはタンパク質と水溶性ビタミンを摂取する。ハツカネズミはビタミンB12と葉酸を糞を食べて摂取していると言われる。実験用ラットに糞を食べさせないようにすると、うまく成長せず、ビタミンB12とビタミンKの欠乏症を起こす。

ウシが病気になって長い間餌を食べられないと、こぶ胃の微生物が死滅し始める。また食べさせるための一つの方法は、健康なウシのこぶ胃から内容物をサイフォンで吸い上げ（車からガソリンを吸い上げるように！）、病気のウシに注入することだ。入ってきたバクテリアは、集団のモチベーターやまとめ役のように、消えかけたバクテリアと原虫の群集に活を入れ、また生きてはたらくように（そして遊ぶように？）する。

シロアリも自分の糞と未消化のくず（フラス）を、原虫を含め消化を助ける腸内細菌を得るために食べる。

こうした考え方の一種、競争的排除と呼ばれるものは、有益なバクテリアを腸に取り込み、いて欲しくないバクテリアを締め出すことで成り立っている。基本的な発想は単純だ。有益なバクテリアがある生態学的ニッチを前もって占有していれば、病原性バクテリアは足がかりを得られない。フィンランドでは、競争的排除が家禽の疾病管理技術として初めて開発された。サルモネラ菌の感染を防ぐために、生まれたばかりの鳥（シチメンチョウのひな）に成長したシチメンチョウの糞のカクテルを与えるというものだ。

人間は、子どもや精神状態に変調をきたした人、食欲異常（「異食症」と呼ばれる状態）を持つ人を除いて、糞便を食べることは普通ない。ただ、ウンコに関連あるいは由来するものを食べることに関しては、多少興味をそそられるものがあるかもしれない。二〇一一年に、岡山にある環境アセスメントセンターの研究者、池田満之は、排泄物を含む下水汚泥から人工肉を作ったと報告した。この「肉」は、牛肉に似た味がすると言われ、六三パーセントのタンパク質、二五パーセントの炭水化物、三パーセントの脂肪からできている。この栄養価の多くは、糞便中のバクテリアから来ているようだ。

不作法になるのをきわどく避けているというところが、「コピ・ルアック」の魅力を部分的にとはいえ説明するかもしれない。これは、アジア産のジャコウネコの腸を通過した豆で作ったコーヒーに与えられた名前だ。ジャコウネコはコーヒーの実を食べ、果肉は消化されるが、種子は排出される。これは特に、ジャック・ニコルソンが映画『最高の人生の見つけ方』の中で愛飲していたことから、名声だか悪名だかが知れ渡るようになった。

　このコーヒーの不評は高価なこと、品質が不確かなこと、糞と関係があること、商売に抜け目のないインドネシアとベトナムのコーヒー業者が裕福な欧米人をだましているのだろうという噂が定期的に流れることから来ている。またある者は、これを発見した小作農を称えるために飲むのかもしれない。オランダ人の植民地経営者がインドネシア人労働者に、自分たちで使うためにコーヒー豆を摘むことを禁止したので、労働者はジャコウネコの糞から種をあさってきれいに洗い、ローストした。コピ・ルアックの味はジャコウネコが食べたコーヒー豆に左右されるので、風味には大きな幅がある。私がこれを書きながら飲んでいるバリ島産の品種は、インドネシアの同僚からの贈り物で、私がふだんコーヒーから連想する強く濃厚な香りも、後味の心地よい苦みもない。チョコレート色をした粉には、かすかなカビ臭と土の匂いがあり、そこから抽出した口当たりのよい飲み物も同様だ。グエルフ大学の食物科学者、マッシモ・マルコーネはこの豆の特性について研究し、標準的なコロンビアコーヒー豆に比べてタンパク質（コーヒー豆の苦みの元らしい）が少なく、揮発性の成分が違っていることを明らかにした。「普通」の豆とのこうした違いは、ジャコウネコの胃の中で起きた酵素作用の結果だ。[*2]

　糞食について考えることさえほとんどの人がしりごみをするが、シチメンチョウに使われてたいへん効果を上げている競争的排除の原理は、クロストリジウム・ディフィシルによる致命的な院内感染に対する効果的な治療法の基本にもなっている。この微生物は、自然界に広く生息する嫌気性菌の一種で、人間を含め多くの動物の腸下部に見られる。北アメリカの多くの病院で、クロストリジウム・ディフィシルは集中的な抗生物質治療の結果、殺人バクテリアに変身している。抗生物質が競合する無害なバクテリアを全滅させてしまうためだ。治療において重要なのが、健康なドナーの腸（つまりウンコ）から細菌叢を採取して、浣腸か鼻腔チューブで患者に注入することだ。これによって健全な腸内細菌叢が補充され、病原性のクロストリジウムを打ち負かす。

いくつかの研究で明らかになった、排泄物を食べるイヌがある種の病原菌、例えばクロストリジウム・ディフィシルに感染していることが少ないという事実も、競争的排除で説明がつくだろう。そうは言っても、うんちを食べるイヌはサルモネラ菌のような別の危険なバクテリアを垂れ流している可能性がより大きいことを、指摘しておかねばならない。実際には、ウンコの中のバクテリアの生態についてはよくわかっていないので、注意して取り扱うべきなのだ。

ハイラックスはアフリカ東部から南部の木々の間や岩場に棲む、ウサギに似たかわいい動物だ。イワハイラックスの土地を歩いていると、彼らはこちらを、『スター・ウォーズ』の映画に出てくる生き物のようにじっと見ている。キノボリハイラックスは夜中に、ドアがきしむような音に続けて血も凍るような叫び声をあげて、近くに誰もいないと思ってテントを張って寝ていた人間を、心底ぎょっとさせる。ハイラックスは糞の山を作り、匂いを高めるためにその上に放尿して、縄張りの目印とする。この動物は海牛類（ジュゴンやマナティ）、ゾウ、ツチブタの親戚で、複数の部屋がある胃を持ち、その中でバクテリアが植物繊維を分解する。この点においてその能力は有蹄類に近い。海牛類は水中で排便するので、大部分の人間はそのウンコの形を見る機会がめったにない。

ゾウは言うまでもなくハイラックスより相当大きく、だから毎日排出される大きく粒子の粗い円筒形のものを、チビクソと呼べるはずもない。ゾウは灌木や樹木から葉を食べることも、足元の草を食べることもできる。葉を食べるときは、木を丸ごと倒すこともある。個体数が混み合ってくると、これがたいへんな害をおよぼしかねない。だが、ゾウは食べたものの約四〇パーセントしか消化できない。要するにゾウは、栄養を高いところから降ろして、高いところに背は届かないが、食べ物にはさほど選り好みがない、ゾウのウンコを喜んでかぎ回る動物が利用できるようにしてやっているのだ。

三五〇〇万年前から地球上に存在するツチブタは、地面の下からシロアリを吸い上げ、舐め取り、掘り出す。この食餌に加えて、ツチブタはある種の地下結実した実を食べ、糞を埋めるときにその種子を散布する。この糞を埋める習性は生態系にとってはいいが、見つけた糞を記録している者にとってはいいものではない。

中世のイギリスの猟師は、獲物の糞を「フューメッツ（fewmets）」と呼んだ。この語は古期英語で「不足した」「少ない」という意味の「feawa」と「出会う」という意味の「metan」に由来し、野生動物の糞は見つけるのが難しいことを暗示している。ツチブタの糞は確かにフューメッツのようだ。この「フューメッツ」という語をシカの糞を指して使う者もいる。多くの野生生物の糞は、見つけることが難しい（だから動物学者は探知犬を訓練する必要がある）。このことは森の中で同類に自分の存在を知らせることと両立しない。この矛盾に対処するために多彩な行動が進化した。それはまた、あらゆる有機物は、適当な温度と湿度があれば、たちまちバクテリアや菌類に食料として利用され、他の動植物が利用できる物質にまで分解されるということでもある。糞の山（あるいは鳥の死骸）を見つけたら、たいていそれはとても新しいか、あたりにたくさんの糞の山（あるいは鳥の死骸）があるということだ。

こうした動物の排泄行動からわかってくるのは、さまざまな種が生き残ったのは、それらが消化できる食物のタイプ、作り出す糞のタイプ、その糞を処理するために進化した行動が、その種だけでなくそれが生きる生態系の維持に利益を与えるからだということだ。

動物は自分が生きる生態系を豊かにすることを計画しているわけではない。それでも、共進化、複雑な食物網、排便、種を越えた再生が、動物たちが繁栄することができる生息地をもたらした。糞はバクテリア、菌類、植物、微小生物の餌であり、そして元の動物の子孫の新たな食物とすみかという形で「生まれ変わる」のだ。

生態学的に、すべての種の排便行動は、私たちを生命、誕生、食、脱糞、死、再生の見事な共同体として結びつける一種の贈り物だ。私たちがものを食べるとき、私たちは生物圏から贈り物を受け取っている。私たちがウンコをするとき、私たちはお返しをするのだ。私たちの摂食と排便行動は、我々がこの地球上でどのような市民であるか、いかなる投票行動よりも多くを物語る。これが、クソがクソの役には立つ根本的な理由なのだ。

＊1――水域では、グレイザーは藻を食べる巻き貝や甲虫のような動物を指す。

＊2――コピ・ルアックの小じゃれた調理法の話から多くの場合抜け落ちているのが、自然システムにおけるジャコウネコの行動の重要性だ。自然システムでは、うんちは野生のジャコウネコが縄張りにマーキングするために役立つ。この生態学的な効果は、コーヒーノキを新しい場所に散布する役割を果たすだろう。人間が奇妙な調理法と考えるものは、このように、野生のジャコウネコとコーヒーノキの生存にとって、進化的に重要である。現在、大部分のコピ・ルアックは飼育されたジャコウネコで作られる。

第五章　病へ至る道——糞口経路

二〇一一年春、突然変異によりきわめて高い病原性と抗生物質への耐性を持った大腸菌の変種が、ヨーロッパの一三カ国に蔓延し、三〇〇〇人以上が発症して四八人が死亡した。大腸菌類のほとんどは、善良で役に立つ社会の一員であり、その通常のすみかは温血動物の腸管、つまり排泄物の中だ。この流行は、しかし、ドイツの有機農家が作っていた新鮮なスプラウトから広まった。大元の汚染源はエジプトから輸入したフェヌグリーク（訳註：地中海地方原産のハーブ）の種子であることが確認された。この大腸菌の変種の遺伝子構造には、サハラ以南で最後に見つかった物質が含まれていた。

私が食品媒介疾患の疫学を教え始めた一九八〇年代末には、このような流行は非常にまれだったので、時たま文献を読めば、いい教材の二つや三つは見つかったものだ。教育現場から引退した二〇一一年には、私たちは流行の世界的な多発を扱っており、四方八方からやって来る毎日の報告について行くので手一杯だった。二一世紀において、糞便由来の感染症の蔓延とパンデミックは、工業化されたアグリフードシステムの中では、どちらかといえば日常茶飯事になっている。[*1] そして、関係するバクテリアの出所は動物の糞便ではあるが、それが今ではたいてい植物から食品へと拡散しているのだ。

世界数十億の都市住民と都市近郊の「田舎好き」の人々、その人たちに対応する政府指導者にとって、排泄物はまずたいてい公衆衛生への脅威（特に都市居住者にとって）か、家庭菜園からの近所迷惑な悪臭として見られる。糞便に伴う健康へのリスクには、そのものの毒性、汚染物質と病原体の地域への拡散、食料システムの汚染の拡大などがある。糞便の健康リスクについての議論は感染症の蔓延に集中しがちだが、それ自体の毒性の問題について、触れるだけでも触れておく価値はあるだろう。それは世間の目からほとんど隠されているものだからだ。

一九七〇年代後半、私が獣医学部の学生だったとき、大学の臨床獣医の一人が「歩行困難牛」を診るために酪農場へ呼び出された。乳牛はさまざまな理由で、倒れて立ち上がれなくなる。多いのは代謝の不均衡と出産の異常に関係するものだ。獣医は専門課程の獣医学生数人を車に乗せて往診に出かけた。一行が到着すると、家畜小屋の中にウシが横たわっているのが見えたが、農場主の姿はどこにもなかった。獣医と二人の学生は家畜小屋に入って行って、農場主がウシの脇に横になっているのを見つけ、様子を見ようとかがみ込んだとき、突然倒れた。三人目の学生は何が起きたかを見て、電話で助けを呼んだ。

牛小屋の床はすのこになっていた。下には肥料溜めがあって、運搬車に積み込んで畑に撒くために、牛糞が尿や水と混ざったものを溜めてあった。このような貯蔵槽の液状肥料は定期的に攪拌（かくはん）され、さまざまなガスを発生する。単に臭いだけのものもあるが、有毒なものもある。中でももっとも毒性が高い硫化水素（腐った卵の匂いがするガス）は、低濃度では刺激とめまいを引き起こすが、影響はかなり急速に高まり、呼吸器虚脱から死に至る。すべての換気扇を動かして、貯蔵槽の上や周囲の建物の換気を確実にしておくことが重要だ。これを怠った農場経営者と農場労働者は肥料ガスで命を落としかねない。農場主、獣医、獣医学生は病院に運ばれ、全員助かった。[*2] この種の事件は畜産農家で毎年起きており、助からないこともある。数の上では大きな問題ではないが、被害者の家族にとっては悲劇だ。

田舎の非農家にとって、畑に畜糞肥料を施すことの難点は、それ自体の毒性の問題よりも悪臭だ。しかしもっと深刻で、多くの場合隠れた問題がある。畜糞に含まれる硝酸塩だ。これは化学肥料由来のものと同様、農家が家畜を集約的な状態で飼育しているところでは、必ずと言っていいほど大きな問題になっている。こうした硝酸塩が水系に入ったとき、もっとも気がかりなのは、生態系に与える影響だと言えるだろう。湖が富栄養化して、有毒で水域の生態系を根本から変えてしまうような藻類の大発生が起きれば、エリー湖の「デッドゾーン」を再現することになり、まず人間の幸福にはつながらない。しかも、人間の健康上の心配もあるのだ。高濃度の硝酸塩にさらされると、これが肝臓で亜硝酸に変わり、血液が十分な酸素を運べなくなるメトヘモグロビン血症や、ある種のガンを引き起こすとされる。一九九〇年代のオランダでは、飲料水の六五パーセントが地下水を水源としており、そのうち少なくとも四分の一に深刻な硝酸塩汚染が見られた。ヨーロッパではいくつかの政府が、畜糞産出量を基準にして家畜の飼育を制限するという政策を実施した。多くの畜産業者は従ったが、大規模な工業型畜産会社の中には、どこかよその、もっと規制が緩いところに移転を決めたものもあった。

現在、先進工業国の多くでは、農家は自分の土地で糞便を安全に吸収できる範囲を超えて、家畜（特にブタ）を飼うべきではないということが、知識として広まっている。これは畜糞肥料の量、組織、養分含有量、それが施される土壌型によって異なる。地球温暖化と不安定な気候条件は、畜糞に含まれるさまざまなバクテリアの生態学的はたらきや畜糞の化学的組成を変えるので、さらに複雑なことになる。一般原則は、善意からのものであっても、個々の事例に反映させることが難しい。例えばいくつかのヨーロッパの規則は、ウシとそれ以外のウシ亜科の動物を一様に扱っていた。その後イタリアの研究者が、イタリアでモッツァレラ・チーズを製造するために飼われているスイギュウの糞は、ウシの糞に比べて窒素含有量が低く、したがって別個に扱うべきであるという結論に達した。国や取引相手は誰にでも当てはまる一般的規則を求めるが、動物、畜糞、環境、生態系の生態学的な相互作用は、常に地域的・歴史的に条件づけられているという相反する問題があるのだ。

排泄物が農民の健康、飲料水の質、土壌構造に直接影響することに、ほとんどの都市の消費者はめったに気づかない。だから、政治家は危機が発生しない限り問題を無視しがちになる。大部分の有権者にとってさらに大きな不安は、畜糞が病気の拡散を助長する可能性があることだ。これは無理もない。その影響はすぐに現われ、また少なくとも個人に対して、苦しみをもたらすものだからだ。したがって、都市を地盤とする政治家は、畜糞に関わる直接的な環境問題を軽減しようとするだろう。だが赤ん坊の下痢となると話がまったく違ってくる。

下痢は、医学的には排泄物が入れられた容器の形に沿う状態を指し、脱水症状を引き起こし死につながる。死は、特に赤ん坊の死は胸の痛むことだ。

全世界の人口の三分の一以上（約二五億人）が、清潔な飲み水、また洗い物や便所で使う水を手に入れることができない。毎年約二〇〇万人が下痢によって死亡しており、そのほとんどが子どもだ。世界保健機関とユニセフ（国連児童基金）の報告によれば、毎年約一五〇万人の五歳未満の子どもが下痢で死んでいる。これはマラリア、麻疹（はしか）、エイズの合計よりも多い。下痢は必ずといっていいほど、食品や水が糞便で汚染されることで起きる。単純に言えば、飲み水の取水点よりも上流で、人間や動物が排便し、設置された浄水施設がそれを除去しきれないとき糞便汚染は起きる。二一世紀においては、誰もが誰かの上流にいる。

人間の疾病の集団感染は深刻で不安なものだが、それを引き起こす根本的な問題は、医療制度や医療供給体制とは関係ない場合がほとんどだ。生態学的な網の目、土地利用、社会動態の相互作用のほうがたいていは重要であり、そして認識されていないことが多い。だからこそ、医学的な説明ではなく、こうした相互関係と人間や他の動物へのその影響に、私はここでの議論の的を絞ろうと思うのだ。

二〇〇〇年のカナダでの集団感染で、オンタリオ州ウォーカートンの住民五〇〇〇人の半数が発症、七人が死亡したことは、痛ましい例だ。この集団感染は複雑なシステムの欠陥が原因といえるだろう。通常より多い降水量（おそらくは地球温暖化と関係がある）、流域に家畜がいたこと、土壌型、土地の傾斜のしかた、位置の悪い井戸、行政の縮小と野放図な分権化、水管理担当者への教育の欠如、コミュニケーションの不足、能力の欠如などだ。この悲劇から何よりもまず学ぶべきは、気候と経済が世界的に不安定さを増し、回復の見込みがないことを前にして、生態学と地域の適応能力に注目することが肝心だということだ。

地域の環境が糞便で汚染された事例の多くは、ウォーカートンの集団感染ほどには目立たない。一九八〇年代、疫学で博士号を取得するためのフィールドワークの最中、オンタリオ州の私が研究を行なっていた地域にある酪農場で、サルモネラ菌の集団感染が発生した。この集団感染では、菌が糞を通じて地域の農場の内外に広がった。菌が地表の水に入って、人々が泳ぐ近くの湖に流れ込んだ形跡もいくつかあった。一九九〇年代にカナダで行なわれた調査では、畑への畜糞肥料の散布と、地域の井戸での病原性大腸菌出現、都市住民に比べて高い農村住民の大腸菌による疾病の発生率には関連があることが示されている。こうした重い腎障害と死を引き起こすこともあるバクテリアの病原性株が、牛の密度が高い地域の流出水から見つかっている。

バクテリアの抗生物質耐性株は、農場から流出する畜糞の中から、そこで使われている抗生物質自体と共に見つかる。調査の結果、テトラサイクリン、チロシン、スルファメタジン、モネンジン、ニカルバジン、アンプロリウムが、ブタ、ウシ、シチメンチョウの糞から出ている。さらに、土壌に吸収された抗生物質が、抗細菌特性を維持していることもわかっている。公衆衛生や環境への影響はわかっていないが、土壌中のバクテリアの生態系が変わることの生態学的影響のほうが、より深刻なのではないかと私は疑っている。

動物の糞に由来する病原菌が食料システムの中にあることは、農業において家畜が功罪相半ばするものであることを物語る。動物は健全な農業生態系の中で重要な機能を果たす（食べられない植物性材料を処理して、他の動物が利用できる栄養にしてくれる）要素であり、人間にとって優れた食料源であり収入源だ。そして、病気の源でもある。ウィリアム・H・マクニール（『疫病と世界史』）、ジャレド・ダイアモンド（『銃・病原菌・鉄』）、トニー・マクマイケル（*Planetary Overload*「過負荷の惑星」）は、一万年ほど前に定住農業と家畜の飼育が始まった結果、人間社会に感染症が出現したという説得力のある主張をしている。確かに人類史上重要な感染症のほとんどすべてが、動物に由来するか、あるいは結核のように人からいったん動物に移って、また戻ってきたものだ。このような病気の多くは帝国の盛衰と人類史の進路全般に、決定的な影響を与えてきた。[*3]

家畜は、それが食べる餌と作り出す糞を含め、農場で多彩で重要な生態学的・社会的な機能を果たしている。それがどのように問題となり、そしてなぜ過去一万年で、重大な家畜由来の病気の多くが、大きな被害を引き起こしたあとで消えているのか？　そしてなぜ特定の環境で再び出現するのか？

伝染病の流行は、感染した人畜と、感染可能な人畜との間の「有効接触率」と呼ばれるものに左右される。集団のある一定の割合（一般原則は七〇パーセント）が感染し、回復して免疫を獲得するか死亡すると、流行は終息する。その時点で、病原体を持つ動物や人間が感染可能な人や動物に接触する確率が、無視できるほど小さくなるからだ。[*4]

これが集団免疫と言われているものだ。多くの個体が免疫を持たなくても、集団が免疫になるのだ。予防接種を受けるか、何らかの形で免疫を持つ個体が多数いれば、病気の人や動物と未感染の者とが出会う確率が下がる。病気にかかったことのない、あるいはワクチンの接種を受けていない者は、接種を受けている者によって守られる。心の狭い者はこれをただ乗りと言うだろうが。

流行が終わっても、病原体は少数の個体に問題を起こすことなく居残っている（潜在性あるいはキャリア状態）ことがある。この人たちが感染可能な個体に出会えば散発的な発症を、全体として感染可能な集団と出会えば新たな流行を引き起こす。ヨーロッパ人がアメリカ大陸に渡ったとき、体内に抱えていた病原体は感染可能な個体を見つけ、あとには何百万もの先住民の死体が残された。アメリカ先住民族に壊滅的打撃を与えた疫病の大流行は終息したが、それを打ち負かしたのは近代医学でも病院でもワクチンでもなく（これらが効力を最大限に発揮したのは、流行がほとんど収まったあとのことだ）、集団免疫と、栄養、公衆衛生、住居の改善だった。

私自身の先祖が生き延びることができたのも、少なくとも部分的には、何代にもわたり継続的に動物の糞にさらされてきたことで獲得した集団免疫のおかげだと言えるだろう。ウクライナにあった私の母方の祖父母の家では——遡ること一六世紀から一七世紀の慣行で——家畜小屋が母屋と棟続きになっており、家畜小屋に寝室が二部屋あった。ヨーロッパでは、のちには北アメリカでも、ウシの糞を平べったくしたものを乾かして、燃料として使ったり（これは今でも南アジアの多くの地域で行なわれている）、型にはめてレンガにすることもあった。親戚から聞いた話では、少なくとも一つの世帯では、母親がウシの糞を土間に敷きつめ、おそらくは防水材か虫除けとしていた。動物に由来する病気はまったく問題にならなかったらしく——少なくとも問題だとは伝えられず——家畜と一緒に住むことの利点はリスクを大きく上回った。ロシア内戦と飢饉の間、母方の祖父母は危険な公共空間を歩き回らなくても、すぐに牛乳を取りに行くことができた。しかしもっと重要なのは、家が盗賊に襲われたとき、十代だった私の母とその姉は棟続きの家畜小屋を伝って逃げ、家のまわりの生け垣や畑に夜が明けるまで隠れていられたことだ。もし、家畜小屋は母屋から何メートルも離せと言い張る衛生検査官がいたら、私はここにいなかったかもしれない。

それではなぜ、二〇世紀の後半から二一世紀の初めになって、私たちの農業・食料システムの中に、新しい動物由来の伝染病が出現したり、昔のものが再発生したりしているのだろうか？　規模の経済、新たな生物生息地の乱開発、国際貿易を通じて、私たちは感染源と今まで曝露されていなかった集団の間に、新しい経路を作り出してしまったのだ。私たちは、疫学の用語で言えば、病原巣と感染しやすい人々の間の、有効接触率を高めてしまったのだ。家畜小屋のウシと食卓の人々は、もはや同じ敷地の中にはいない。同じ国の中にいることさえ珍しい。にもかかわらず、農業・食料システムを通じて、私たちは今まで以上に密接に結ばれ、同じ皿から食べ、同じ水に浸かっているのだ。

世界的なパンデミック状態にある病原体の多く——サルモネラ、病原性大腸菌、カンピロバクターがもっともよく知られる——は動物起源で、糞を介して広まる。インフルエンザ・ウイルスは野生の水鳥の腸内ウイルスに起源を持つ。この場合、鳥インフルエンザ大流行の脅威は、農地が湿地を侵食していったことと、国際貿易によって野生動物、家畜、人間の間で有効接触率が変化したことで起きた。

人口と家畜数の爆発は、世界規模の急速な都市化（人間のウンコ産出の集中化）、農業における規模の経済の急成長（家畜のウンコ産出の集中化）、世界規模の貿易と往来（あらゆる形のウンコの広い範囲にわたる再配分）と相まって、尻から口への道をいくつも用意している。言い換えれば、私たちは排泄物の中にいる病原体のために新しい通り道を作りだし、それによって有効接触率を高めてしまったのだ。

人間に感染し多くの人に苦痛と死をもたらす排泄物と関係のある病気は、コレラ、A型肝炎、サルモネラ症、カンピロバクター症、大腸菌O157：H7による感染症、ジアルジア症、アメーバ症、もっと一般的にはモンテスマの復讐、カサブランカ病、デリー腹などさまざまに呼ばれる旅行者下痢と、枚挙にいとまがない。もっとも最近では一九九〇年代に南北アメリカで数万人を死亡させたコレラの世界的な大発生や、二〇〇〇年以来流行している、さまざまな野菜についた糞便由来のサルモネラ、大腸菌、カンピロバクターによる感染症は、食料システムの糞便による汚染が広がっていることを物語る。

農業・食料システムでの排泄物の公衆衛生問題を表現する一番簡単な方法は、何十億もの人々の食べ物や飲み水に人間や動物のウンコが入っていて、そのせいで人が病気になったり死んだりしているぞと言うことだ。その解決策は、廃棄物処理の強化と改善、水洗トイレ、手を洗う流し台、浄水施設の改良だろう。こうした解決策は一九世紀から二〇世紀にはうまくいった。ウンコをトイレに流して、それから浄水場を設置して、飲む前に固形物を水からこし取るのは、ウンコを窓から投げ捨てるよりも人間の健康にとっていいに決まっている。こうした行為が多くの人の命を救っていたことに疑いはなく、またある視点から見れば、歴史上もっとも偉大な公衆衛生への介入であるかもしれない。

だがウンコを家から追い出すのは、問題の一部でしかない。現在の世界の人口や動物の数を考えれば、慎重にことを運ばないと、私たちが使っているような技術は事態を悪化させるだろう。私たちは糞をある家から汲み取って別の家へ流し込んでいるだけかもしれないのだ。あるいは問題の一部を解決する(排泄物を処理する)ために地下水面を低下させて渇水を拡大し、もっと深刻な問題を引き起こしているのかもしれない。私たちはウンコと共に生きることが——居心地が悪く、不快で、しばしば危険ではあるが——できる。私たちは水なしで生きられない。気候、経済、政治、人間の行動、何もかもが不安定な世紀に、より大きな設備、よりよいトイレを作っても、問題解決には十分ではない。

排泄物の生産と処理が集中化されていると、大きな施設は大きな故障につながり、そして故障は必ずあるものだ。排泄物の量は増えているが、例えば都会のイヌやネコ、公園が好きなカナダガンのように動物がまばらにいる場合、どうしたってただ一つの下水管には流れ込まない。糞便が漏れて地域一帯に広がる、つまり「非特定汚染源」は、母なる自然によるウンコのゲリラ戦のようなもので、最高の技術をもってしてもどうしようもない。生態系という観点から、排泄物のやっかいな本質がきわめてはっきりと見える。

公衆衛生上重要な二種類の寄生虫が、二一世紀の糞問題の地理的広がりと、その生態学的プロセスとの関わりを深く考える上で役に立つだろう。

トキソプラズマはとても小さな寄生虫で、ネコの腸内に棲み、有性生殖を行なう。ネコ科動物はシストト(訳註:表面に膜を作って休眠した状態の生物)を便の中に出すことができる唯一の動物であり、それも初めて感染した子猫の時期だけだ。トキソプラズマは子猫に抑鬱と食欲不振を引き起こすことがある。トキソプラズマに感染した動物の行動が変わることも証明されている。感染したネズミはネコをあまり怖がらなくなり、食べられやすくなって、感染のサイクルが完成する。

だが、トキソプラズマ症がより心配されるのは、人間の病気としてだ。成人の大部分では、発熱、痛み、目の中の小さなシスト（飛蚊症）といった症状が出る。脳内のトキソプラズマのシストが統合失調症と関係していると主張する研究者もいる。女性が妊娠中に初めて感染すると、流産や死産になったり、子どもがあとで学習障害を起こしたりすることがある。人に感染した場合、シストはその筋肉や臓器に潜み、普段は悪さをしない。ところがその人が免疫抑制状態になると、シストが「目覚め」る。エイズの流行が始まった頃には、こうして復活したシストによるトキソプラズマ脳炎が、死因の多くを占めていた。

公衆衛生担当者は、妊婦や子どもがネコのトイレを掃除したり砂場で遊んだりすると、トキソプラズマにさらされるのではないかという懸念を抱いていた。この二、三〇年で、この懸念は世界規模に広がった。

カナダのビクトリアで一九九五年に発生した流行は、ある種の警告だった。ビクトリアの流行では、一〇〇件を越える臨床例が確認され、感染者の総数は二八九五人から七一一八人の間と推定されている。これは当時世界最大だった。感染源は市の貯水池に排便するネコ（イエネコとヤマネコ両方）と考えられた。研究者が砂場以外にも目を向けると、トキソプラズマは至るところで見つかった。

北アメリカ大陸北部および西部沿岸一帯に生息するジャコウウシ、カリブー、クマ、ヒツジ、オオカミがトキソプラズマにさらされている形跡がある。トキソプラズマはラッコやゴマフアザラシからも見つかっている。こうした動物が、どのようにネコの糞と接触しているのだろう？　今のところはこう推測されている。ネコの糞が都市の下水道に流されたり、数多くの野生化したイエネコ、要するに野良猫が流域にじかに排便し、それから海に流れ込んで、寄生虫は拡散するのだ。たくさんの野良猫がおり、渇水が増え、そのあと大雨が降る（水洗だ）世界を想像されたい。長々と想像することはない。それが私たちの住む世界だ。

第二の寄生虫、ジアルジアは、排泄物が旅をする生態学的な網の目を、違った形で可視化してくれる。ジアルジア症を引き起こす、かわいい「微小生物」は、アントニ・ファン・レーウェンフックが一六七一年に原始的な顕微鏡を使って（自分の下痢便の中に）発見した、うんち大旅行をするもう一つの寄生虫だ。アントニは驚いたに違いない。この寄生虫は、どう見ても目（細胞核）と口（中央小体と呼ばれるもの）を持ち、まるでざんばら髪の幽霊の首が泳いでいくかのようだからだ。単なる印象だが、私には奴らがしてやったりとほくそ笑んでいるようにしか見えない。それはありえないことではないのだ。

ジアルジアが引き起こす病気は軽いものではなく、下痢、鼓腸、腹痛、食欲減退などを伴う。その治療自体も楽なものではない。「国境なき獣医師団」カナダ支部の事務局長で獣医師のエリン・フレーザーは、ホンジュラスで小規模養鶏の調査をしていた。私が彼女の住む辺鄙な村を訪ねたとき、エリンはほとんど消耗しきっているようだった。おそらくジアルジア症だろうとエリンは言った。そして治療もやはり手荒なものと聞いていたので、何とか「乗り切る」つもりだった。健康な人ではたいてい、ジアルジアは「自己限定的」――しばらくすると自然に消滅する病気を表わすのに獣医や医者が使う面白い言い回し――だろうと。でもそれならすべての病気は自己限定的じゃないだろうか？　それどころか私たちも自己限定的じゃないだろうか？　エリンの指導教官として、私は正直なところ少なからず心配だった。だが彼女は切り抜けることができた。

この病気は「ビーバー熱」と呼ばれてきた。野生のビーバーが持っていることがある――イヌや、ネコや、ウシや、子どもと同様に――のが知られているからだ。「ビーバー熱」という言葉は元々、ハイカーが山の渓流の澄んだ水を飲んで発病したことから造語されたものだ。おそらくビーバーの糞便で水が汚染されていたのだろうと。ほとんどの人は保育園に通う子どもからこれを移される。この年頃の子どもたちは、うんちのあとで手を洗うとは限らないからだ。保育園は大人にとってA型肝炎の大きな感染源でもある。これもまた糞口感染する病気で、北米で拡大を続けている。A型肝炎の影響は、機能免疫系が感染した細胞を攻撃することで引き起こされるが、子どもは免疫系が完全に機能していないので、A型肝炎ウイルスは子どもには必ずしも害を与えない。だが子どもたちがそれを家に持ち帰ると、ママやパパが重症になることがある。

話をジアルジアに戻そう。バックパッカーと保育園以外に、私たちはこれを貧困、少なくとも貧しい衛生環境による病気として考えることが多く、実際にそうだ。中東での十字軍はこれに悩まされたようだ。この神のお告げに気をつけておけばよかったのにと、イスラム教徒やユダヤ教徒は思ったことだろう。この小さな寄生虫は人類が出現するずっと前から地球上にいる。それどころか、一部の科学者が言う（そして一部の科学者が反論する）には、この不気味に微笑む生物の起源は、真核生物が発生した約二〇億年前に遡る。何しろ水中を生息地とするのだから、間違いなく居場所はいくらでもある。そうして温血動物が進化すると、彼らはすぐに申し分のない愛の船、哺乳類の糞を見つけ、その中で増殖し、それに乗って世界に出て行った。

ジアルジアはカナダとアメリカでもっとも一般的なヒトの腸管寄生虫だ。全世界の先進国で、感染率は成人で約二パーセント、小児で六〜八パーセントとなっている。浄水設備が未整備の国では、全人口の約三分の一が生涯のどこかの時点で感染する。

ジアルジアからの逃げ場はまったくありそうにない。そしてこの寄生虫は、温血動物の糞便の生態学について多くを教えてくれる。最近のジアルジアの研究は、感染の拡大がヒトにとどまらないことを実証し、感染した排泄物との接触を、ほぼ避けられないことを示している。カナダで研究をしているフランスの野生生物野外研究者、マエル・グイから私は次のような手紙を受け取った。

私は同僚と、カナダの人里から遠く離れた、ほとんど原始のまま手つかずの原生林で研究をしていました。私たちは毎日、自分の足で移動しなければなりませんでした。道路はなく、ハイキング・コースもなく、時には獣道しかない……天国でした。私たちはオオカミとオオカミの糞を探していました。どちらもたくさん見つかりました。研究所に戻り……糞に寄生虫卵がないか調べると、たくさん見つかりました。それから、それを村のイヌと比較し、イヌが野生のオオカミの集団に寄生虫を媒介していないかどうかを調べました。（中略）

オオカミからもイヌからもジアルジアは見つかりました。しかしもっと寄生されていたのは……私たちでした。ある村で二、三日過ごしてから、私も共同研究者も同じ不快な症状が強まるのを感じ始めました。数週間一緒にいたために、共通の症状が出てしまったのです。ある日、彼女は研究室で私を呼んで、こう言いました。「ちょっと来て、これを見て！」。スライドガラスは無数の蛍光色のジアルジア（診断のために免疫蛍光法を用いたためです）でびっしりと覆われていました。「うわー、すごーい！　こんなに寄生されているの見たことない。どこから採れたの？」。彼女は笑い、自分からだと言いました。この寄生虫はどこにでもいるので、自分たちがどこで感染したのかまったくわかりません。

先生は感染した経験をお持ちですか？　人によって反応は違うものですが、それにしてもまあ、このチビどもがこれほどひどいとは思ってもみませんでした！

北部のジャコウウシも人間からジアルジアをうつされていますが、でもどのようにかはわかりません。こんな広い土地に人口はごく少ないのに……。また、人間がジャコウウシを解体するとき（四〇〇頭のジャコウウシが解体されることもあります）、一部始終は村のすぐ近くで行なわれます。ジャコウウシの腸や排泄物は海岸の氷の上に置き去りにされます。ジアルジア［のシスト。過酷な環境に耐える］は……海洋生態系に入り、おそらく海洋哺乳動物か魚か貝を通じてまた人間を汚染するのでしょう。

この研究者の興奮が手に取るようにわかるだろう。思いもよらず、望みもしないのにもたらされた発見の興奮が。それでも事実は事実だ。北極から熱帯まで、近代都市の中心から小さな農村まで、糞を好む寄生虫は至るところで大いに繁栄している。

ジアルジアやトキソプラズマを変わった場所で見つけたことは、寄生虫自体を理解する上で重要だ。しかし、こうした発見は二一世紀に私たちが直面している課題を理解するためにも、同様に重要なのだ。世界中には排泄物が飛び散らかっている。下水処理場を新しく作ったところで解決できそうにはない。

サルモネラや大腸菌のように糞便に関係するウイルスやバクテリアによる感染症の流行は、食料供給が世界で「もっとも安全」と言われている多くの裕福な工業国で報告されており、ホウレンソウ、アーモンド、豆モヤシ、トマトなど、腸を持つとは考えられない生物がそこには関わっている。排泄物は至るところにあると言っても驚くことではない。

バクテリアやウイルスはたいていの浄水処理で、または食品を加熱調理することで（もしサラダに火を通すことを厭わないなら）死滅させられるが、小さな寄生虫はまた別問題だ。過酷な環境下では、トキソプラズマやジアルジアのような寄生虫はシストに姿を変え、水の生物汚染用の通常兵器の多くに抵抗力を持つ。紫外線処理がジアルジアに効果がある数少ない技術の一つらしい。

　ウンコに由来する人間の病気についての議論を締めくくるにあたって、健康に重大な影響をおよぼす排泄物が、鳥や哺乳類のものであるとは限らないことをつけ加える必要がある。昆虫の糞も重大な影響を持つのだ。

　サシガメは、アメリカトリパノソーマ病と呼ばれることもあるシャーガス病を媒介する。夜、中南米のバラック街で、この虫は壁や天井の割れ目から這いだし、ハンモックのロープを伝い降りてくる。少量の麻酔薬を注入したあとで、サシガメは睡眠中の人の目頭から血を吸う。吸い終わると、糞をする。眠っている人が目を覚ます。目がかゆい。こすって糞を目の中にすり込み、寄生虫のクルーズトリパノソーマを血流に入れてしまう。何年も——たいてい何十年も——してから、そうした感染者の三分の一は心臓や腸の筋肉がぶよぶよになり、長患いの末に死ぬ。虫の駆除が一九八〇年代から組織的に行なわれたことで、ラテンアメリカでの新規感染者数は年間七〇万人以上から四万人ほどへと減ったものの、感染は生涯におよぶため、まだ一〇〇〇万から一五〇〇〇万人の感染者がいる。効果的に対処するためには殺虫剤をまくだけでなく、住宅の改善、経済的・社会的格差の是正、土地利用の管理、教育など相当の政治・経済的な関与が必要とされる。

　糞に関係する病気では、人間の健康に注意が向けられがちだが、管理された野生生物にも大きな、そしてたいてい複雑な影響がある。ここでは病気の影響が動物の行動、人間の行動、生態学的プロセスを通じてもたらされる。

ジャン・マイバラーは野生動物毒物学者で、エコヘルスの研究者でもあり、南アフリカのクルーガー国立公園で数多くの調査を行なっている。クルーガー国立公園は南北に長い形をしている（人間の都合で、西を農地に使えるようにするためだ）が、西から東へ流れる川が横切っている。公園の西側にはフェンスがあるが、農民は川が公園に流れ込む前に、水を取れるだけ取っている。また、これらの農地から流出する栄養分を含んだ水が川に入り、公園に流れ込んでいる。乾期に水位が下がると、動物のために十分な水を確保するため、公園管理者は川に土のダムを築いて小さな池を作る。

多くの動物は、公園の設計と境界線に沿って定住する人間のせいで、自然な東西の移動ができないことにいらだち、池のまわりに集まってウンコをする。

とりわけカバは、一生のほとんどを水中で過ごす。身体を冷やし水分を保つことができるお気に入りの生息地だ。夜に水から離れたときの経路をマーキングする以外、カバは普通水中で排便する。乾期になって、すでに汚染されている川の水量が減り、湖も縮小すると、カバは池に押し寄せてそこで脱糞する。池の数は減っているので、残った池のカバの密度とカバのウンコによる汚染は高まっている。

マイバラーが言うように、水中のカバの糞は、シアノバクテリアの異常発生を引き起こす。シアノバクテリアは他の生物から窒素とリンを奪い、圧倒してしまうことが少なくない。このような池のシアノバクテリアは多くの種にとって毒になる。ゾウは嬉々として水に入り、しぶきを上げて遊び、毒をまき散らす。スイギュウも大挙して押し寄せ、先頭のものがあとのものに押されて水に落ち、やはりアオコをはね散らす。一方サイは、水辺で立ち止まって優雅に前かがみになり、ちびちびと水を飲む——ひづめが濡れるのを嫌がるのだ。そして濃縮された毒のために死ぬ。

ストレスが溜まった動物が池で死ぬと、感染した死骸と糞から病原体が水に漏れだし、シアノバクテリアに加えてさらに大惨事を引き起こしかねない。アンテロープも水際に立って、捕食者がやってくるのを匂いで察知できるように、風を顔に受けている。あいにく、彼らが立っているところはシアノバクテリアが吹き寄せられる場所でもあるのだ。そしてやはり、中毒を起こして死ぬ。

カバとサイとクルーガー国立公園の水管理法の話は、行動と生態学が思いもよらない複雑な形で作用し合う世界に、善意からにせよ軽率に介入したことで招いた、予期せぬ結果の実例だ。動物を保護するために公園を作り、動物たちが十分な飲み水を得られるように水を管理し、また食料生産のために農業を行なうことは——生態学的、文化的背景に十分な注意を払わなければ——保護されるはずの動物集団に意図しない影響を与えることになりかねない。動物の幸福を脅かすものは、この場合直接の攻撃ではなく、普通でない環境で「普通の」行動を取ったことなのだ。

同様に、人間の幸福をもっとも深刻に脅かすものは、思いがけない装いで、まったく想定外の方向から来る。私たち——特に科学者——は、一点を見るのは得意だが、臨床神経学者のオリバー・サックスが言ったように、自分の周辺視力に対して十分に敬意を払っていないのだ。

排泄物に関係する公衆衛生と野生生物の問題を心配する人たちはたいてい、人間や家畜が密集している場所や、その周囲に糞が密集していることの悪影響に注目する。私が本書でやりたいのは、私たちが目先のことの先にも注意を払う能力を伸ばせるようにすること、混乱から抜け出す道の問題と可能性の両方を再考できるようにすることだ。

*1——食品媒介疾患についてより詳しくは、拙著 *Food, Sex, and Salmonella: why our food is making us sick* (Vancouver: Greystone Press, 2008) を参照されたい。

*2——残念なことに、ウシの運命については思い出すことができない。硫化水素によるウシの死亡の報告はまれである。この気体は空気より重く、頭が地面に近い動物にだけ、あるいは肥料溜めが攪拌されているとき（この場合被害を受けるのはたいてい小屋の外にいる動物）にだけ影響がある。

*3——人間と動物に共通の疾病について、さらに詳しくは拙著 *The Chickens Fight Back: pandemic panics and deadly diseases that jump from animals to humans* (Vancouver: Greystone Press, 2007) を参照されたい。

*4——こうして、極東から中央アジアを通ってヨーロッパまで猛威を振るい、数百万人を死に至らしめた、ペストやチフスのような多くの重大な伝染病が絶滅した。

第六章　ヘラクレスとトイレあれこれ

人間以外の動物による糞の処理問題への対処法は、多くの場合、人間が糞をどう扱ってきたかに反映されている。何と言っても私たちは動物なのであり、他のあらゆる動物と共通するところがきわめて多いのだ――感情、倫理観、ずるい行動、遺伝子、ウンコの問題。それでいて私たちは、独特の文化史と悩みを持った、非常に特異な種類の動物でもある。

このように人類の文化がウンコに対してとってきた伝統的なやり方とは、生物としての生まれつきの性質と、さまざまな行動を強化したり方向を変えたりするために作りだした文化的儀式とが、混ざり合ったものなのだ。私たちは矛盾している。人間の本能は子どもを守ろうと（したがって糞便を取り除こうと）し、縄張りをマーキングしようと（したがって糞を近くにおこうと）し、食料の供給を改善しようと（糞を作物の肥料として使おうと）し、病気を防ごうと（糞を食物から遠ざけようと）する。

私たちの言語はこの矛盾した態度を反映している――そのものを何と呼ぶかについてだけでなく、排便行為や、排便する場所を何と呼ぶかについてもだ。旅行をすると誰でも気づくことだが、排便したいと言うのが面倒なだけでなく、排便をする場所について話すのがややこしいのだ。人は本当に洗面所で顔を洗ったり、化粧室で化粧をしたり、お手洗いで手を洗ったりするのだろうか？　そしてもし、ルーウィンが言うように、欽定訳聖書の中の「足を覆う」という言葉が排泄行為について言及しているとすれば、それは中東の砂漠の民がウンコをするときに水が使えなかったからだろうか？　犬小屋（ドッグハウス）にイヌが住んでいるなら、外便所（アウトハウス）には何が住んでいるのか？　ジョンに行くという言い回しがある。これは性産業従事者（と呼ぶのが今日では正しい）がすることで、それ以外の者はしないと私は思っていた（訳註：ジョンには俗語で「トイレ」と「売春婦の客」の意味がある）。しかし、私たちはこれを規則的に行なっているようなのだ。少なくとも便通が不規則でない人は。それとも「ジョンに行く」は、中世の英語でトイレの意味に名前を使われた世界中のジェイクスが、汚名をすすぎジョンになすりつけるためにたくらんだ広報活動にすぎないのか？　プリビーはどうだろう？　これは枢密院（プリビー・カウンスル）、つまりある種の議会制度の政府諮問団で密かに行なわれていることと何か関係があるのだろうか？　鳥を飼う人の中に、自分の鳥が「発散（ベンティング）」すると言う人がいる。ベントとは総排出孔、つまり鳥類、爬虫類、両生類、有袋類に見られる糞と尿の共通の出口という意味で使われることがある言葉だ。今度誰かが愚痴をこぼしながら「溜まったものをちょっと発散」しているんだと言ったら、これを思い出すといいだろう。

長い目で（我々の文化の多くが関係するほんの数千年よりも長く）見れば、人間社会が自分の――それから飼っている動物の――糞を処理してきた方法が文化的習慣とタブーから生まれたものとしてだけ解釈されるものではないと言えるだろう。それは進化の過程で他の種から継承したものと、栄養循環の生態学的パターンをも反映したものなのだ。糞便に関わる人間の行動に進化の過程で何があったかを語ることには、進化的発展には一定の方向があるという誤った感覚を引き起こしたくなるというリスクがある。しかし歴史は常に進歩の物語であるわけでも、直線的な変化ですらもない。

多くの人は、人類の進歩が直線的であると教え込まれてきたので、数千年にわたりヒトが排泄物をどう扱ってきたかについても、当然向上や発展の物語があると思っているかもしれない。残念ながら、そうではない。ウンコの話は気まぐれと、水と土と、発見しては失ってまた再発見する物語だ。変化したものといえば、今では歴史上これまでになく人口も家畜も増えたことだ。人間があれこれと試し、また振り出しに戻り、その間に糞がまわりに積み上がっていく、これはそんな話だ。

さまざまな人間社会がいろいろな方法を使って排泄物に対処している。あるものは歴史の初めに、あるものはあとから現われ、私たちはそのすべてから学ぶことができる。「完璧」で万能の解決策など、これまでにも今でもあったためしはない。生態学と進化においては、背景と内容、生得的なものと習得的なもの、遺伝的および社会生態学的状況の多様な相互関係がすべてだ。

人間が排泄物と付きあってきたやり方の一つが、遊牧民に関係するものだ。ウンコを森の中に残していった遊牧民は、あとで同じ場所に戻ってきたとき、自分たちの糞が次の木の実の養分になっていることに気づいた。半乾燥の状況で共進化した人間、ウマ、ウシ、ヒツジの生活様式に、この文化と自然の調和は表われている。

新石器時代（紀元前約一万年前に始まり、その延長線上に現代がある）になり、定住農業が始まって初めて人類は、排泄物から自分たちが遠ざかるのではなく、排泄物を自分たちから遠ざけねばならないという問題に、向き合わざるを得なくなった。

原野をさまようのをやめ、定住して農地を作るようになった人間は、小さな面積に大量の固形廃棄物を溜め込み始めた。このため、さまざまな時代や場所で、家の中に特別な部屋が、特別な容器が、屋外便所が、森の中に排便のために指定された場所が作られた。トイレを社交の場として使ってきた種とは違い、私たちには便所を他の生活空間から分離する傾向がある。

時として、人糞は埋められた。糞を埋めたのは、いくつかのアメリカ先住民族集団やエッセネ派の人々だ。エッセネ派は神秘主義的、禁欲的なユダヤ教の一派で、紀元前二世紀から紀元一世紀頃にかけてユダヤ属州と呼ばれた地域の砂漠地帯や都市に住んでいた。エッセネ派は文書も地中に埋めていた。このことは、彼らにとっての文書とうんちの相対的価値という点で、重要かもしれないしそうでないかもしれない。この文書は彼らの精神を涵養し、のちに死海文書と呼ばれるようになる。うんちは日々の糧となるイチジクやオリーブの木に養分を与えたことだろう。だから糞便を埋めることと対比するのは、ふざけたものではない。糞が土壌を再生するのと同じように、文書を埋めることで思想や物語を保存し、何世紀も経ってから再生できるからだ。

人間は、多くの動物と同様に、配偶者と出会うために糞の山に代わるものを発達させた。これを計算から除くと、動物やヒトの糞をある場所に置いておくことの残された大きな利点は、その場所で植物がよく育つことだ。新石器時代の定住地では、排泄物を定住地の中と周囲に、おそらく堆肥として置いていた形跡がある。家畜の糞を農民は昔から肥料源と見なし、土に返してきた。そして最近まで、ヒトの排泄物ほど問題になってこなかったようだ。この区別は、他の動物の糞にさらされるよりも、人糞にさらされるほうが病気の拡散という点で人間にとって危険だという先祖の経験則を反映したものだろう。進化的選択をきわめて単純化して言えば、人糞にさらされた子どもはそれほどさらされなかった子どもより（コレラその他糞便由来の病気で）生殖できる年齢になる前に死にやすい。

我々の祖先は小さな集団を作るだけで満足することはなく、都市に移り、すると混雑と大規模な人糞の生成が新たな問題を生みだした。人口が少ないときには、穴を掘った家庭用の便所や、村はずれか畑の脇に堆肥として積み上げる（動物の糞の山のように）のが排泄物を人間の居住地から離すために効果的な方法だ。都市ではどうすればいいだろう？ 家屋内の部屋で床にそのまま糞をしてもいいだろう。もし排泄物を溜めておける余分な部屋があれば、あるいは片づけてくれる辛抱強い使用人がいれば、あるいは糞を落とす穴が階下の部屋の空調ファンに直接つながっていない限りは（だから「クソがファンに当たる（やっかいなことになる）」という表現ができたのだ）。糞尿を窓から投げ捨てる――「水だ！（アグア）」とか何か通行人に警告する叫びと共に――ことは、中世ヨーロッパの一部ではそれを家の中から追い出す効果的なやり方だった。それでも、オペラを見に行くには、その中を通らねばならない。実に困ったものだ。

農民はしばしば畜糞を肥料として使ってきたが、人糞のそのような利用にはさほど一貫性がない。世界有数の集約的な、そして最近までもっとも集約的だった農業システムを持つ中国には、人間の排泄物を集めて売買していた歴史があり、その起源は三〇〇〇年から四〇〇〇年前まで遡る。研究者の推定では、歴史的に見ると中国では人間の排泄物の九〇パーセントが、このようにして再生利用されており、国内で使用される肥料全体の三分の一を供給していた。

日本人も、人間の排泄物を農業に利用することにかけて、長い歴史と熟練の技を持っている。それは江戸のような都市ができる以前から存在するが、都市化が進むにつれて特に盛んになった。農民は桶を田畑の脇に置いて、排便するときにはそれを使うように旅人に頼んだ。自然の循環をまねた行為が網の目のように張り巡らされた一七世紀の都市、江戸は、船に野菜やその他の農産物を満載して大坂に送り、人糞と交換していた。都市と市場が拡大し（一七二一年の江戸の人口は一〇〇万人だった）、集約的な稲作が増加するにつれ、屎尿を含めた肥料の価格は大幅に高騰した。一八世紀半ばには、ウンコの持ち主は支払いに銀を――野菜だけでなく――要求した。

さて、このウンコは誰のものだっただろう？　建物の所有者が、店子が出した排泄物の名誉ある所有者だったようだ。長屋の住人の誰かが出ていくと、大家は残った住人の店賃を値上げした。長屋を経営していくための基本的な資本コストを補う排泄物が減るからだ。一八世紀の日本では、人間の排泄物は非常に値段が高く、そのため人間のウンコを盗むことは犯罪と認識され、刑罰が科された。原油価格の高騰で圧迫される現代の農民にもわからなくはない傾向だが、ウンコのコストが高くなりすぎて、貧しい農民には買えなくなった。人間の排泄物を肥料に使う習慣は、徳川幕府が倒れた一九世紀後半以降、二〇世紀の工業化の間に廃れたが、ある研究者の試算によれば、日本では今でも人間の排泄物の少なくとも五〇パーセントが処理されて、肥料に使われているという。

人間または動物、あるいはその両方の糞を肥料として使うことは今も昔も世界的な現象であり、いわば文化の収斂進化だ。このリサイクルは極東アジアでより顕著だが、糞を肥料として利用することは、ほぼすべての定住社会で見出され、受け入れられてきた。アステカの都市テノチティトラン（現在のメキシコシティ）では、排泄物と有機廃棄物は集められ、肥料や皮なめしのために売られていた。ペルーでは、インカ族がトウモロコシ栽培に使うために排泄物を集め、乾かし、粉末にしていた。一二世紀にスペインに住んでいたアラブ人、イブン・アルアッワームは、人間の排泄物を混ぜて堆肥を作る技術を書き記している。この堆肥を肥料に使えば、バナナ、リンゴ、モモ、柑橘類、イチジク、ブドウ、ヤシ、ヒマラヤスギ、コムギの病気が治ると言われていた。

中世、人々が都市へと移住し都市が排泄物を作り出すようになるにつれ、ヨーロッパでは排泄物と洗い物などに使った雑廃水を園芸に使うことが一般的になった。ミラノ近郊のシトー修道会では、一一五〇年頃からゴミと排泄物と廃水を農業に使っていた。ドイツのフライブルク住民は、遅くとも一二二〇年には、排泄物で養分を追加した排水で牧草地を灌漑している。こうした草地の灌漑と耕作は、乾期の草の成長を改善し、害虫の発生を抑え、草地の養分バランスを安定させるのに役立ったと言われる。一九世紀にピークに達したこのような灌漑の慣習はその後廃れ、一九六〇年代までにほとんど行なわれなくなった。

一九世紀になるころには、急速な工業化と都市化に伴い、生の（未処理の）下水を肥料に使うことがヨーロッパとアメリカで広まっていた。ニューヨーク市民は糞を周辺の田園に肥料として売って利益を得た（そしてそれを野菜の形で買い戻していた）。

二〇世紀には、都市人口の急速で歯止めのない（そして今もなお全世界で続く）増加、化学肥料の発達、糞便に汚染された水が人間の病気を引き起こすおそれがあるとの認識により、公衆衛生をリサイクルより優先させるように主張が変わった。農民と獣医は畜糞の匂いを当然我慢できるだろう。それは土に養分を補充し、作物の生長を促し、収入を向上させる有用なものを意味するからだ。その一方で、都市住民はウンコの匂いからむしろ不潔、病気、そして彼らの親が逃れてきた際限のない農家の労働を連想するだろう。

要するに長期的に見れば、ウンコに対する私たちの矛盾する個人的・文化的態度が深い根を持つことがわかるのだ。進化という点では、排泄物の匂いから肯定的な連想をするのは、肥料を施した範囲の食用植物がよく育つという観察結果だけでなく、縄張りを区切り他者と連絡しようとする（第四章で述べたように）生物学的衝動に根ざしているのだろう。ヒト集団がほとんど遊牧生活を送っており、定住地は小さくまばらだった時代、排泄物からの肯定的な連想は、知覚されるどのような危険よりも勝っていた。この排泄物への肯定的なまなざしは、都市と農村の結びつきが明快で開放的だった時代（江戸のように）や、今日でも地方の農業地帯では続いている。だが、過去二、三世紀でコレラや小児の下痢のような致命的な病気の伝染について理解が高まり、水洗トイレや清潔なバスルームが健康に有益であることが明らかになってくると、都市住民はウンコに対してはっきりと否定的な態度を取るようになった。肯定的なまなざしが否定的なまなざしへと変わったのは、このように農村住民が都市に移り住み、食料生産者と消費者がつながりをなくし、病気の原因について私たちの科学的理解が増したことにもとづいている。しかし私たちのウンコへの態度と私たちが住む下位文化とのつながりは、さらに複雑である。[*1]

香水についての観念には、この下位文化の複雑さが表われている。匂いをどう解釈するか——芳しく好ましいと思うか、不快でむかつくと感じるか——は文化によって左右される。一六世紀のとある寓話には、天使にとっては高級娼婦の香水が実は嫌らしく思われ、「正直な」糞さらいの荷車はすばらしく、高潔とさえみなされると描写されている。これは、そのころのヨーロッパに住んでいた天使の文化的好みについて、少なくとも何かを伝えている。当時、霊猫香（れいびょうこう）——ジャコウネコの肛門腺から取れるバター状の香料——が、風呂に入らない上流階級の体臭を隠すためのきつい香水の成分として使われていた。一七世紀、ウィリアム・シェイクスピアの娘婿で医師のジョン・ホールは、これを医療に用いた。女性のへそに塗り込んでヒステリーを治療したのだ。治療に効き目があったかどうかはさだかでない。一九四〇年代には化学合成の代用品があったが、霊猫香から抽出されるフェロモンは比較的最近まで香水の安定剤として使われていた。

マッコウクジラの体内に、吐き戻されなかった消化できない成分が溜まり、糞や腸分泌物と混ざって、龍涎香（りゅうぜんこう）という芳香を持つ固形物が形成されることがある。龍涎香は香水メーカーが非常に珍重するもので、海に排出されるかもしれないし、腸をふさいでクジラを殺すことになるかもしれない。クリストファー・ケンプは『ニュー・サイエンティスト』誌に、龍涎香の「濃厚で複雑な香り」は「上質なタバコ、古い教会の木材、潮の匂い、白檀、日なたの土、新鮮な海草」に例えられてきたと書いている。

霊猫香と龍涎香は共に排泄物に関係があるが、ハイカルチャーにおいて活用されており、糞についての考えを新たにする上で（あるいは「ハイカルチャー」が意味するものを考え直す上で）役に立つのではないだろうか。

一八世紀から一九世紀のヨーロッパでは、体臭はまだ「下層」階級を連想させ、清潔は神性に次ぐとされたので、香水（まだジャコウネコの分泌物が添加されていた）と白粉の使用は経済的優越だけでなく道徳的優越も誇示するものだった。この道徳的優越感は、先進工業国全般に今も根強く残っている。それはスラムに住む貧しい人々は、実はちゃんとしたトイレの設備がないのを好むとか、少なくともそのような状態を繊細な感覚を持つ裕福な（白人の）人々より我慢できるなどという広く行きわたった神話と同様だ。どの文化でも、古代ローマ（そこでは市の主下水道、クロアカ・マキシマを戦争捕虜が掃除していた）から一八世紀のイングランド（汚水溜めの清掃人は夜働くことを命じられた）まで、みんなのために糞を扱う人は、もっとも尊敬されない労働者のカテゴリーに入れられている。

今日、田舎に移り住んだ先進国の都会人は、ウシを賞賛する――そしてその匂いに文句を言う。ここに、私が先に述べた都会と農業の断絶が表われているのだ。もちろん、わらの上を転がる何頭かのウシやブタの楽しげな匂いと、近代的な工業的畜産場から出る濃縮された汚水があふれているのとには、匂いだけではない質的な違いがある。人間はブタの糞の匂いを遠く離れたところからかぎつけることができるようだ。このために、オバマ大統領の二〇〇九年景気刺激策にある一七〇〇万ドルを含めて数百万ドルが、アイオワ州のために割り当てられ、ブタのウンコからいい匂いがするようにする研究に注ぎ込まれることになったのだ。

私たちがブタの糞を特にひどく嫌うのは、おそらく糞そのものより、それを出した動物と人とのあいまいな関係に原因があるのではないだろうか。旋毛虫は筋肉痛と、時に死を引き起こし、感染した豚肉を食べることで感染する。ブタはネズミを食べたり、時には共食いでこの寄生虫に感染する。有鉤条虫は、そのライフサイクルの一段階ではヒトの腸内のサナダムシであり、てんかんのような発作を引き起こすことがある。この場合、豚肉の中のシストからヒトの腸に感染し、ブタは人糞を食べてシストに感染する。人間が、自分の便がついた手を洗わなかったり汚染された食品を食べたりして、サナダムシの幼生を摂取すると、脳嚢虫症（と発作）が起きる。[*2]

私たちは進化と文化の歴史を巻き戻すことはできない。世界の人口は現在ほとんど都市に集中し、糞の生態学的・経済的利益をほとんど忘れ去り、ウンコに関係する病気への懸念は高まっている。私たちが直面している公衆衛生問題はまったく新しいものでも取り立ててやっかいなものでもないが、より深刻にはなってはいると主張する者もいる。こうした人たちは、多くは私の同僚であり、それどころか私自身最近までそうだったが、我々には問題解決の道具があり、それらは試され、うまく機能したと言っている。これまでにもっとも偉大な公衆衛生上の発明だと考える者もいる水洗トイレは、その一つだ。

水洗便所は、排泄物を処理する有力な方法として二〇世紀に登場したが、そのルーツは古代にある。ヘラクレスの第五の勤めは、三〇〇〇頭のウシの糞が三〇年分つもり積もったギリシャの王アウゲイアスの牛小屋を、一日で掃除せよというものだった。糞の山はウシ自身には問題がないようだったが、二〇世紀の偉大な学者にして小説家、詩人、ギリシャ神話の再話者であるロバート・グレーヴズによれば「それはペロポネソス半島一帯に疫病を撒き散らしていた」という。

これは、集約的な飼育場やその他の集約的な畜産事業から流出した水が、他者の病気の源となりうることを、初めて認識したものと言えるだろう。ヘラクレスはウシを囲む壁に二つの穴を開け、アルペイオス川とペネイオス川の水を畜舎に引き込んで、ウンコをきれいさっぱり流してしまうという功業をやってのけた。

ヘラクレスは、報酬としてウシの一〇分の一を与えると約束されていた。しかし使者のコプレウス（「糞男」の意味）がアウゲイアスに、ヘラクレスがどのように課業を果たしたかを告げると、王は、望み通り掃除を成し遂げたのはヘラクレスではなく川ではないかと言って、ウシを与えようとしなかった（この物語の使者が糞男と呼ばれるのを、私は気に入っている。ウンコが我々に何かを物語るという私の主張にぴったりと合うからだ）。こうして水洗の魔法、川を下水として使うという発想、汚染の解決としての希釈は、文明の意識に長きにわたり定着している。

水洗トイレは、紀元前二五〇〇年から一五〇〇年にかけてインダス川流域にあった古代都市の家屋で、その一〇〇〇年後のローマで、遅くとも一八世紀までにヨーロッパ北部で使われていた。ヘラクレスからはるかのち、そしてヘラクレスほど英雄的でない規模で考えると、一六世紀後半のサー・ジョン・ハリントン（「バルブ式便所」の作り方の解説書を書いた）とアレクサンダー・カミングス

（一七七五年に洗浄装置の特許を取得した）の名前が挙がるだろう。「水洗便所（ウォーター・クローゼット）」という語は、一九世紀になって初めて英語の語彙に入った。一八六〇年にヘンリー・ムール牧師が開発し、普及していた堆肥化トイレ「土洗便所（アース・クローゼット）」と区別するためだ。これは、基本的には腰掛けの下にバケツを置いたもので、ハンドルを引くと土か灰が排泄物の上に落ちてくる。だが、バケツの中身をどこかに空けなければならず、これが新たな問題を生んだ。人口過密な都市では、どこに空けたらいいのだろう？

ここまで延々と遠回りしてきたのは、一九世紀末から二〇世紀初頭にかけて水洗トイレを普及させた人物、トーマス・クラッパーは頭のいい資本家ではあっただろうが、その発想に独創性はほとんどないと言いたいがためだ。テクノロジーの分野においては、科学のように斬新な発想をしたという申告はしょっちゅうされていて、たいていはインチキだ。余談だが、排泄物を流すのではなく、またがって尻を洗うためのビデ（フランス語で「ポニー」の意味）は、イギリスではまったく人気が出なかった。それはむしろ、一部のアジア諸国で見られるような、水を張ったコンクリートの水槽から水をすくうための小さな桶に、概念としては近かった。水は陰部を洗うために使うのだ（左手を使うようお願いする！）。

水洗トイレは家庭の衛生を改善したが、流した結果をどうするかは、一からの取り組みだった。一部の社会では、窓から投げ捨てるのでなければ、排泄物は裏庭の汚水溜めに空けていた。一六世紀のフランスでは、一五三九年の勅令によって、国民は自家用の汚水溜めを造ることを命令されていた。作家のドミニク・ラポルトは、ヨーロッパのウンコ処理計画は個人の財産権の優越というブルジョワ社会の構成概念をもとにしていると主張している。

ローマ人は排泄物の処分を、個人的問題でなく公共の問題として考えていた。最初期の下水道システムの一つであるローマのクロアカ・マキシマは、タルクィニウス・プリスクス（紀元前六一六年〜五七八年）が築いたもので、元々は雨水の排水路として設計されていた。これが市の主要下水道に発展したのはあとになってのことで、一日に最大四万五〇〇〇キログラムの排泄物を運び、ローマからテベレ川に流し込んだ。

工業化されたヨーロッパの下水道は、本来工場排水と生活排水を運ぶように設計され、排泄物は想定していなかった——もっとも都市住民は脱法的に脱糞することで知られていたが。上水道が導入されると、家庭の衛生は向上したが、汚水溜めがあふれ、近隣に悪臭と病気を生み出した。

一九世紀初めには、裏庭の汚水溜めの問題が相当深刻になったため、パリとロンドンの住民は汚水溜めを市の下水道に接続することを許可された。これは、ウンコを窓から投げ捨てたり、裏庭に溜めて通りに漏れ出させるよりは進歩したかに見えた。しかし都市の下水道はこれほどの量の人糞を受け入れるように設計されていない。人類がこんなに大量のウンコを発生させるなんて、誰が思っていただろう？疫学者なら誰もが知るように、個人にとっていいことが集団にとってもいいとは限らない。水洗トイレと市の下水道への接続は、ウンコが多すぎるという問題を、家庭から都市に拡大しただけのことで、新たにそのレベルでの問題解決が必要となった。一方で汚水溜めを下水道に、下水を川に流し込むことは、膨大な養分の無駄でもある。その上より強烈な影響として、それはコレラ発生にもつながった。

一九世紀前半に、パリとロンドンではコレラで数万人が死亡した。

一八五〇年代半ば、ロンドンを流れるテムズ川が「大悪臭」の名で知られるようになり、その臭気が議会の業務に支障を来していたころには、イングランドはロンドンの下水道の改修を支援する法律を可決していた。一八四九年には、二五万立方メートルを超えるとされる汚泥が、下水道からテムズ川に放流された。飲料水を供給している企業の少なくとも一社の取水パイプは、赤ん坊のおむつを洗った水が漏れて出ている汚水溜めから、わずか数十センチのところにあった。

一八五四年、ジョン・スノー医師（ビクトリア女王が出産する際に麻酔を施した人物でもある）はロンドン市ソーホーでのコレラ発生事例を調査し、地図上に表示することで、この病気が人糞で汚染された水で広まっていることを証明した。スノーはブロードストリートにある公共井戸のポンプの取っ手をはずして物議を醸した。彼の地図によれば、この井戸が主犯だった。以来スノーは「疫学の父」として称えられている。病気発生のパターンを鋭く正確に観察して文書化したことと、病気を蔓延させている媒体を除去したことは注目すべきものだった。というのもスノーは実際の病原体自体について何の知識もなかったからだ。何しろこれは、バクテリアの正体がわかるかなり前の話なのだ。

少々意地の悪い人は、この人物が疫学者として偉大なのは、病気の流行がすでにピークに達しており、何をしようが衰えるだろうことを知っていたからだと考えるかもしれない。当時から社会の賞賛を得ようとする他の疫学者には知られていたお気に入りのトリックだ。実際、スノー自身もこれを可能性として認識していたと言われるが、それでもコレラが糞便汚染された水で広まっていたという全体的な結論には変わりがない。

また別の、たぶんもっと冷笑的な者は、政府の役人がスノーの説明をあざ笑い、流行が収まってから取っ手を元に戻したことを指摘する。役人たちは、病気が糞口感染によって広まったとする突拍子もない説に不快感を覚え、たぶん公明正大で裕福な水道会社の評判が、このようにいわれのないやり方で地に落とされることに我慢がならなかったのだろう。いずれにしても、ウンコ入りの飲み水がよいものではないかもしれないという考えは、汚染された水と病気との関係を示す証拠が蓄積されるにつれ、やがて根づいた。衛生技術者と衛生学者は力を合わせて（あるいは独自に）政治改革を積極的に推進していった。最終的に「微生物病原説」はロベルト・コッホとルイ・パスツールの力で前進した。それは衛生技術者が言っていたことを立証し、病気は一般に悪い空気を原因とするという昔からの「瘴気説」に取って代わった。

この新しい微生物病原説と、その支持者のおかげで、下水道、上水道、水洗トイレが整備され、ヨーロッパの都市住民の健康は大幅に改善された。一方で、バクテリアの発見には、糞便は本質的に危険で汚いだけのものだという観念を強化したという負の側面もあった。ヒトや動物の糞便が正しく扱われず、食品や水を汚染させてしまえば、危険であることが多いのは事実だ。これは特に人糞の場合に当てはまる。人間の糞便には人間の体内に生息することに適応した微生物が含まれている可能性が非常に高いからだ。こうしたバクテリアにはコレラや腸チフス（ヒトに適応したサルモネラ菌で起きる）に関係するものや、クロストリジウム・ディフィシル（現在病院にとって一番の悩みの種で、見たところ正常なヒトの腸にも、少なくとも小さな確率で棲んでいる）がある。それでも危険を軽減するような方法で扱えば（例えば堆肥化やバイオガス化によって）、人糞を含めたあらゆる糞は、非常に有益なものになる。この後者の事実が、二〇世紀の公衆衛生推進キャンペーンから抜け落ちていたように思われるものだ。

だから私は、排泄物が我々に突きつける文化と自然のやっかいなからみ合いに、大回りして戻ってきたのだ。一方、経験豊富な農民としての私たちの本質は、畜糞が優れた肥料であり、したがって人間が定住、繁栄し、歌を歌い、偉大な文学を紡ぎ出すことを可能にするものだと知っている。だから、ほとんどすべての社会は、それがヨーロッパの農場の肥料であれインドの村の燃料であれ、排泄物を技術的問題として扱う集団を内部に持っているのだ。

一方、ウンコについて語ることは、あるいはウンコについて語ることについて語ることや「それについて語られないということについて語ること」（一九六〇年代のカリスマ的精神医学者R・D・レインならこう言ったことだろう）すら、何か下品で不潔で決まりが悪いものがあるという共通の文化的傾向は——都市化と過密化に関係があるのかもしれないし、病気に対する当然の恐怖に根を持つのかもしれないが——だいたいどこにでもある。

欧米の人類学者や民族誌学者は、「他の」文化のさまざまな食行動と性行動を、なかば取り憑かれたように記述してきたが、そんな彼らの伝統でさえも、医療人類学者L・L・ジャービスが「かさぶたと滲出」と呼ぶものについて検討することには及び腰になりがちだった。これは恥の感覚（むき出しの尻を他人に見せることは間違いなくいくらかこれを含むだろうが）というよりも、私が思うには動物であることの決まりの悪さだろう。私が一九歳のとき、カルカッタのにぎやかな大通りをはずれた路地で、下痢のためにしゃがみこんでズボンを降ろさなければならなかったのを思い出す。ある意味で、信仰体系と精神的幸福が世界のすべてだと教えられていたメノー派のうぶな少年にとって、それは悟りだった。高邁な哲学や宗教的ビジョンがあろうと、私たちはウンコをしないわけにはいかないのだ。

自分の中に矛盾する感情を引き起こす問題について取り組むときに、もっとも抵抗しがたい誘惑は、個人的経験と逸話を元に一般化することだ。インドネシア、パタゴニア、ボルネオのダヤク族、ビクトリアの先住民族で魔術の補助に使われることを指摘して、悪と糞の結びつきは普遍的だと主張する著作がある。こうした本の著者たちは、マリのバンバラ族の間で糞便の中に棲むと信じられている悪魔グネナや、便所に出没する韓国の悪霊のことも引き合いに出している。タイの「不潔妖怪」は、人がウンコをしているときに、肛門を触ったり直腸粘膜を引っ張ったりして怖がらせることまでする。今でこそお笑いぐさだが（タイ人の友人たちによれば）、不潔妖怪の話はかつて、痔の原因の説明だった。

こうした物語には、純粋な恐怖、ちょっとバツの悪い行動に関する不安、そして時にはユーモアの混ざり合ったものが表われている。この文脈で信念体系が、宗教的なものにせよそうでないにせよ、糞便をどう考えどう扱うかに強い影響を与えていることは意外ではない。放尿や排便の行為はしばしば不浄と結びつけられてきた。場合によっては、伝統的文化において宗教的な禁忌として形成された主張が、近代科学的な正当性を持つこともある。タイの村民が川の流れの中に排便しないのは、母なる川を怒らせるからかもしれないが、カナダの生物学者は、飲み水を汚染してコレラ、肝炎、ジアルジア症のような病気を広めるという理由で、同じ行為をやめさせようとするだろう。

ジークムント・フロイトら精神分析学者は、過去一世紀、人格の発達と性格型の特徴を示すために、糞便に関わる人間行動を記述することを重要視してきた。だから現在の大衆文化の中で、私たちは「肛門維持」性格――完璧主義、強迫的、神経質、倹約家といった、私たちの多くが知っている（そしてある程度は誰もそうである）人々――や「肛門排除」性格という考えに出会うのだ。また、恐怖と排泄行動の関係について、また、文字通りクソも出ないほど怖かった人の話を聞いたときの、かなり不安な反応について探求することもできるだろう。恐怖に直面しての脱糞が最初に報告されたのは、紀元前七〇一年のセンナケリブの年代記においてだ。バビロニア王とエラム王が、アッシリア王センナケリブとの戦いを恐れて逃げ出した際、彼らは「戦車の中に糞を放った」とされている。戦車の中でよかったのではないだろうか。サメがうようよいるオーストラリアの海でなく。

私たちと排泄物との心理学的にあいまいな関係をじっくりと考えることは、たぶん心理療法に使える。だが、人類とそれが地球上に占める位置についての、より大きな生態学と進化の物語を構築する目的には、このような問題の枠組みはあまり適切ではない。ある文化や宗教が、その有益な性質を利用する方法を見つけながらも、糞便に固有の危険をどのように認識してきたかに目を向ければ、私たちはさらに進歩するだろう。

イスラム社会はナジャス、すなわち不浄の源として糞便を性格づけ、触れたあとには清めの儀式を命じている。それでも、私の理解する限りでは、堆肥化によって糞便は不浄なものから有益なものへと変わる。このことは、私には合理的な反応だと思える。適切な堆肥化によって発生する熱でほとんどの病原体は死滅するからだ。インドネシアのジャワ島では、少なくとも名目上はイスラム圏ながら、人間の排泄物を養魚場に投入し、希釈、流動、人間ほど選り好みをしない動物による消費を経て、有用な食料に変えている。理由づけはどうあれ、このような習慣はヒトと生態系両方の健康を増進するので、科学と宗教両方の見地から正当化される。これは他の多くの問題で心から望まれている状況だ。

堆肥化した糞を土に加えることはよいことであり、広くそのように認識されているが、糞便をただ埋めるのでなく、適切に堆肥化されることが条件だ。堆肥化で重要な処置は、温度を病原体や雑草の種子が死滅する程度まで上げることだ。私たちがみな排便し、それによって日々個人的に地球の再生に貢献できることは、もっと賞賛されてもいいように思える。二〇世紀には、化石燃料の全盛——と、同時に起こった工業的に製造された肥料の全盛、人口爆発、水洗トイレ——に賞賛の種を奪われ、それは解決すべき問題とされていた。

賞賛の気持ちとまではいかなくても、少なくともウンコを作り出すことの意義を取り戻すために、私たちには何ができるだろうか？　私たちの文化はどこにインスピレーションを求めたらいいのだろう？　私には再び、糞虫が思い浮かぶ。あらゆる食糞コガネムシの中で、私が気に入っている名前がシジフォス（アシナガタマオシコガネ）属だ。ギリシャ神話に登場するシジフォス（シーシュポス）王は、貪欲で、乱暴で、抜け目のない男であり、航海と商業を奨励していた（たぶん今で言えば、自分たちを富ませるために国際貿易を推進するネオリベラルに相当するだろう）。シジフォスは自分がどの神々よりも賢いと思った。そして神々を欺くことの度が過ぎて、巨岩を丘の上まで押し上げる罰が下された。頂上に着くかと思われたとき、岩は転げ落ち、最初からやり直さねばならない。永遠に。アルベール・カミュは、第二次世界大戦のさなかの一九四二年に書いたエッセイ「シーシュポスの神話」で、この神話に人生の根源的な不条理を見ている。それでもカミュは、シジフォスは無意味な労苦の最中に幸福だったのではないかと想像し、「頂上を目がける闘争ただそれだけで、人間の心をみたすのに充分たりるのだ。いまや、シーシュポスは幸福なのだと想わねばならぬ」（清水徹訳、新潮社）と結んだ。

　だが、タマオシコガネはさらに希望に満ちた——現実的とも言える——解釈をこの神話に加えてくれる。巨大な糞玉を丘の上に押し上げることは、まったく無意味ではないのだ。それは人生のもっとも深遠な意味、ジョン・ダンが、誰がために鐘は鳴ると問うな——我々すべてのために鳴るのだ——と言ったことの意味を、生物学的な面から捉え直したものを体現する。タマオシコガネは、廃棄物からの生命の再生、未来に再び目覚める期待、生きとし生けるものの躍動の賛美、また、もっとも平凡な日常の営みすらも身をもって示している。日々、あらゆる行ないを通じて、私たちは地球上の生命を更新し再生しているのだ。糞虫になりきることで、シジフォスは——つまり人類そのものが——解放されるのだ。

＊1——そして非常に個人的であることが多い。我が家に赤ん坊が生まれたとき、私はよく、おむつを交換するときの子

どもの便の匂いに文句を言ったが、妻からはあまり同情を得られなかった。私がウシの糞の匂いは我慢でき、楽しみにすらしているのに、我が子のうんちの匂いには耐えられないのが妻には理解できなかったのだ。私はこれを進化に関係するものだと思っている。私が子どもの匂いを家から遠ざけておきたいのは、捕食者を近づけないためだ。ウシの匂いを好むのは、それが食べ物を意味するからだ。一家の大黒柱として、ウシの居場所を知ることは大切だ。ともあれ私はそのように説明し、それに固執している。

＊2——何を食べろとか何を食べるなとか一般の人に向かって講義したがる私の食品安全学の学生たちにいつも言っているのだが、私たちの食習慣は病気のリスクを完全に避けられるようにはなっていない。リスクがあるにもかかわらず、人は殻つきのムール貝やカキやアサリを食べる。排泄物の詰まった消化管ごと。また、二枚貝は濾過摂食動物で、取り込んだ水の中にいるあらゆるウイルスやバクテリアの巣窟でもある。

第七章　もう一つの暗黒物質（ダークマター）

排泄物が食品や水の中のような、あって欲しくないところに入っていたり、環境中のあちこちに溜まったりしていることを、普通「環境問題」という。ある問題を環境問題として捉えれば、汚染源と汚染される地域があることが前提となる。食物網と生態学的循環への影響を通じた植物、動物、微生物種への広範囲におよぶ予想外の結果が、多少なりとも認識されることはめったにない。目が向けられるのは、定義がはっきりした問題（寄生虫による河川の汚染）とその原因（配置の悪い下水排出口から河川への流入または放流前の不適切な処理）だ。

公衆衛生においては、排泄物を環境問題と捉えると、食品や水の汚染物質の基準を引き上げたり、水や食品に熱、化学物質、放射線照射などでより効果の高い処理を行なうこととなる。農場では、「養分管理計画策定」「厩肥管理」「下水バイオソリッド」を含め、さまざまな農業に関連する活動の最良の管理方法を定めたマニュアルに行き着く。このようなベストプラクティスは、食品や水質の基準強化と組み合わせれば、うまくいくこともあるが[*1]、そのコストの高さが、すでに脆弱になっている小規模農家には大きな財政的負担となる。こうしたやり方が水や土壌の汚染を最小限に抑えることに成功したとしても、残念ながらそれらはすべて、直線的でなく複雑な自然界を、工業的で直線的な原因と結果で切り取った、地域的な有効性しか持たないものなのだ。

しかし排泄物を環境問題としてでなく生態学的問題として見た場合、どうなるのだろう？　極度に単純視した、動かない狭い環境での投入と産出ではなく、社会－生態学的関係——幅広い時間的空間的スケールにわたる生物と無生物である環境との相互作用の網——に焦点を当てたとしたら？　生態学的には、畜糞の影響は常に直線的であるわけではなく、予測はしがたい。例えば私たちはすでに、食物媒介性の感染症のパンデミックから、排泄物が全世界に分布していることを知っている。しかしそれが（公衆衛生上の心配以外で）何を意味するだろうか？

排泄物は、部分的に消化された食物に、バクテリアと体液を加えて丸めたものだ。ウンコが世界的に目に見えて増加しているということは、私たちが食料として利用した動植物が、脂肪とタンパク質と炭水化物がぐちゃぐちゃに混ざり合った、まずうまそうには見えないものへと変わっているということだ。このようにさまざまな大型動植物相がウンコに変わっていって、人間のような大型の哺乳類が損失をこうむるなら、少なくとも当面は昆虫と微生物が利益を得る。これは、人類の時代から糞虫の時代へと移行しているという意味だろうか？　もっと一般化して言えば、動物の身体から離れてしまったウンコに何が起きるかは、どうすればわかるのだろうか？

この窒素はダイズが空気中の窒素を捉えたものなのか、このリンは岩の浸食によりできたのか、それともいずれも動物の糞からのものなのかなどと、生物圏を旅する排泄物の化学的成分を出所にまで遡るのは、容易ではない。飼育場や集約的農場の外に積み上げたウンコは、地中に隠れた糞山の一角だが、糞が構成要素にまで分解されて分解者の網の目に入ってしまえば、それがどこへ行くのか、どれだけあるのか、どうすればわかるだろうか？
「平均的な」人間なりウシなりイヌなりが一日にどれだけ産出するかを元に、糞の量を計算し、それから人間やウシやイヌの数を勘定し、総量を推定することはできる。トイレに流されたり家畜小屋の外に積み上げられたりする物質の重さを量れば、「平均」の計算値とどの程度一致しているかがわかる。それによりどれくらい産出されたかが推測できる。しかしそれを行なっても、まだ多くの「暗黒物質（ダークマター）」が残っている。イヌの糞袋や飼育場の汚水溜めには表われないが、世界の動物の数から考えて、あるはずだとわかっている糞のことだ。そうした「見えない」ウンコはみんなどこへ行ったのか？

　我々が目にする地形や生態系は、生物とそれが生息する場所との共進化した関係が作り出したものだ。分解者は、いずれも私たちが見たこともない微生物だが、それを作り出すプロセスで重要な役割を果たす。分解者は落ち葉や枯れ枝、死骸、糞便から栄養を取り込み、それらを次の世代や他の生物がまた利用できるようにする。もっとも多様な系でも、消滅と再構成と再生を小さな空間的広がりの中で経験している。森林生態学者のボーマンとライケンズはそのような景観——部分部分がさまざまな生態学的発達段階にあるもの——を移動モザイク状定常状態と呼んだ。糞虫の研究（これはこれで賞賛すべき活動だが）以外で、排泄物が形を変え移動するプロセスが、どうすれば目に見えるように、あるいはよりよく理解できるようになるのだろうか？

　まず手始めに、食品と水の糞便汚染を原因とする人間や動物の病気の分布を考えることができるだろう。このような病気それ自体も重要だ。しかし、サルモネラ症や大腸菌による病気が複数の国で流行していることは、そこから社会－生態学的システムの中でウンコがどこへ行ったかがわかるという意味でも重要なのだ。

病気の他に、多くのウンコに関係する、あるいはウンコを食う生物で肉眼で見えるもののライフサイクルを調べてもいい。ここから、排泄物がどこにあり、それがいかにして新たな生命に改変され、含まれる養分がどこで循環しているかがわかる。病気のパターン、工業化された国際的農業食料システムを性格づけるネットワーク、大寄生体の観察を総合すると、いくつかの驚くべき洞察が示される。

例えば、オガサワラゴキブリは穴を掘る熱帯性の昆虫で、鳥の糞に寄ってくる。糞を食べるためではなく、植物を食べるためだ。鳥の糞と尿が混ざったものは窒素とリンに富むため、鳥の糞が積み重なった周辺は植物を探すには格好の場所だ。周囲の土を掘り返して草木を齧(かじ)るうちに、この昆虫は寄生虫マンソン眼虫の卵を含んだ鳥の糞のかけらを食べてしまう。ゴキブリの体内で、寄生虫の幼生は何度か変態して、やがてシスト形態になる。寄生虫はゴキブリが鳥に食べられるのを待ち、温かい鳥の体内で幼虫が孵ると、食道を伝って咽頭まで上がってくる。わずか五分で虫はたちまち涙管に達して目に入り、瞬膜（いわゆる第三眼瞼）に潜んで成長する。成熟した寄生虫は交尾し、卵を産む。卵は涙で流され、食道を下って総排出孔――鳥が糞と尿両方を排出する穴――から別の糞の山へと落ちる。こうして糞は形を変え、寄生虫は新天地へと拡散する。

生態学的な見方をすると、どの寄生虫も生物というだけでなく、養分、情報、エネルギーの束でもある。それぞれが、排泄物を食べることを通じて、排泄物が実体化したものだ。我々は、我々すべては、自分が食べたものだ。排泄物の形ではないにしても、その本質としての栄養が、鳥や哺乳類の腸から土壌、植物、昆虫と生態系を移動してまた哺乳類に戻ってくる様子を、寄生虫の循環は見事に描き出している。寄生虫と宿主と捕食者は、実は、分解された排泄物が再び形を取ったものだ。それらはウンコからできているのだ。[*2] こうした寄生虫のライフサイクルは排泄物のライフサイクルなのだ。それが意味するのは、どのような種でも絶滅させれば、それがどんなに小さかろうと気持ち悪かろうと、栄養再循環のある道筋を閉ざし、遅かれ早かれ私たちの生命に影響するということだ。

しかし寄生虫の散布をこのように特徴づけてもなお、問題の重要な点が見過ごされている。私たちは、動物の飼育場から流れ出る畜糞や、都市下水の人糞のような問題を、技術的にすっきりと解決することが必要な、地域の環境または公衆衛生上の危険として考えがちだ。もっと高性能の下水処理施設を造れとか、汚水溜めと畜糞の沈殿池を造れといった具合に。このような汚水管理システムは短期的には有効だ。それは車に轢かれた人を助ける救命医のようなものだ。しかし救命医は将来の事故を防ぐためには役に立たない。この目先だけの技術的イメージから抜け落ちているのが、飼育場のウシや大都市に住む人間は、四〇億年におよぶ世界の歴史に前例を見ないシステムの一部だということだ。世界のバイオマスの量はそれほど変わっていないが、地球上の人間と家畜の数は過去最大になっているのだ。それだけではない。この人々や動物たちは、住んでいるところから遠く離れたどこかの栄養分を摂取させられている。例えばカナダやアメリカでは、人間の食料と家畜飼料は南アメリカ、アジア、アフリカから来ているのだ。

国連食糧農業機関（ＦＡＯ）によれば、[*3]二〇〇七年にアメリカは約五七〇〇万トンのトウモロコシを輸出した。アルゼンチンは一五〇〇万トン、ブラジルは一一〇〇万トンだ。同じ年、日本は一六六〇万トン、韓国は八六〇万トン、メキシコは七九〇万トン、スペインは六六〇万トンを輸入した。これが排泄物とどう関係があるんだと思うかもしれない。こう考えてみよう。トウモロコシが約一〇パーセントの水と一〇パーセントのタンパク質からできているとする。すると輸出国の上位三カ国だけで八三〇万トンのタンパク質に相当する栄養分を土壌から抽出し、さらに八三〇万トンの水を輸出したことになる。上位輸入国は四〇〇万トン近いタンパク質と、同じ量の水を取り込んでいる。言い換えれば、何百万トンもの栄養分（タンパク質や炭水化物や脂肪を構成する炭素、窒素、酸素、水素と、ＤＮＡ分子の一部となるリン）、水、その他の化学物質（カドミウムのような有毒な重金属を含め）がある生態系から持ち去られ、世界中に輸送されて、動物や人間の排泄物として別の生態系に持ち込まれるということだ。

農作物の輸出入に関心を持つべきなのは、このようなあらゆる物質の移動が、抽出されたところでは栄養の枯渇に、ウンコが積み上がったところでは栄養分による「汚染」につながるからだ。水を輸出も輸入もしていないと言う国は無知だ。私たちはいつもそうしているのだから。水を地下から汲み上げ、作物の中に詰めて、それから輸出あるいは輸入しているだけのことだ。こうした食品や飼料が人や動物を経由して不消化の部分が地面に捨てられ、または水路に流されると、公衆衛生問題、土壌の過剰施肥、水質汚染になる。私たちはジャングルの中に砂漠を、平原に死の湖を作りだしてしまうのだ。ブラジルやアフリカの土壌から養分を取り出しても、単純に化石燃料を原料にした肥料で補えるとか、このような慣行によって私たちの農地すべてを支える生態系が、何らかの根本的な形で作りかえられたり変化したりしていないと考えるのは愚かなことだ。

こうした人間や他の動物の排泄物はすべて、地球上に均等に分布しているわけではない。人間は歴史上これまでにない速さで都市へと移動している。世界人口の半分以上が都市中心部に住み、その数は増加している。人々が都会へと移動し、収入を増やすと、動物性食品をもっと食べたくなる。その欲求に応え、そして儲けるために、アグリビジネスは大農場を造ってきた。つまり人畜両方の排泄物が、限られた場所に集中していっているということだ。

一九五〇年代、アメリカには三〇〇万ほどの養豚農家があった。一九六五年には、一〇〇万の農家が一戸あたり平均五〇頭のブタを育てていた。一九九〇年になると、養豚場の数は二〇万を割り、一戸あたりの平均飼育数は約二〇〇頭になった。アメリカ農務省の調査によれば「養豚農家の数は一九九二年から二〇〇四年の間に七〇パーセント以上減っており、一方でブタの飼育数は安定している。養豚場一戸あたりの平均は、一九九二年の九四五頭から一九九八年には二五八九頭、二〇〇四年には四六四六頭と増加している。二〇〇〇頭以上の養豚場で飼われているブタの割合は、三〇パーセント未満から八〇パーセント近くにまで増えている。二〇〇四年には五〇〇〇頭以上を持つ養豚場が五〇パーセントを超えるブタを飼育している」。この全体的な再構築の中に、養豚産業内部の専門化を進める傾向もあった。

私たちは同じような農場の規模の変化や農業システムの構造の転換を、世界中で見てきた。こうした転換を推進し、正当化するのは毎度おなじみの言い訳——見方によっては理由とも言うが——つまり規模の経済による価格の低下、反対に、可処分所得が増えた都会の消費者による食肉の需要拡大に応えるための増産といったものだ。豚肉と鶏肉の生産は、南アジアと東南アジア経済の急成長を反映して、この地域で一九八〇年代から九〇年代にかけて急増した。

今日、ブタとニワトリが飼育されている場所を示した地図を見れば、家畜が世界中に無作為に分布しているわけではないことがすぐにわかる。国連食糧農業機関は家畜の種類ごとに全世界の分布状況を示した地図を公開している。ブタの分布を示す地図上には、中国の広い範囲、ヨーロッパの一部、アメリカ中西部に家畜の糞を思わせる赤錆色の斑点がフォービスム調に散らばっている。家禽も同様の分布パターンを地図上に示すが、もう少し分散している。ウシの密度は北アメリカの中央平原南部、南アメリカのところどころ（ブラジル、アルゼンチン）、インド、東アフリカ（そこで何世紀も前からウシを追うマサイ族は、自分たちが世界中の「群れ」を管理していると考えている）でもっとも高い。

地図上のこうした大小の斑点は、農場と動物としてだけ考えられるものではない。それは動物の排泄物の池と山でもあるのだ。ここでの目的は、畜糞管理が重大問題となりそうな特定の場所に注意を向けることではなく、分布は無作為でも均等でもないことを示すことだ。家畜の糞の影響は（そのウンコの構成要素がどこから来たのかという点でも、それがどこへ行くのかという点でも）均一ではなく、また、起源と終点にもよるが、生態系の中で重要な場所や種に作用することで大きくなりうるのだ。広い土地一帯に雨が降るのと、数軒の家に向けて同量の水が流れ込むのとではまったく違った影響を持つ。一方は回復と恵みをもたらし、もう一方は洪水と破壊をもたらすかもしれない。

今までにない数で都市に流入し、食べたいものを食べる（あまり高価でなく、高タンパク、低脂肪なものを）ことで、私たちは世界の排泄物の量と分布を左右している。それだけではない。私たちは何らかの種と一体となったバイオマスを取り去り、他へ運んでいるのだ。

少なくともこの大量の畜糞が疲弊した土壌の一部となり、若返らせるのであれば、私たちはそれと共存できるかもしれない。しかし糞はごく限られた場所に山積みにされ、そうした場所は糞の養分とバクテリアから利益を受けることはなく、むしろ悩まされている。

世界中で糞便がこれまでになく急速に増加していることは、主に鳥（ニワトリ）や家畜化された哺乳類に結びつけて考えられてきたので、ほとんどの研究はそれらの排泄物の管理問題を中心としている。しかし野生生物、とくに人の手で改変された環境によく適応した種も、局地的な生態系に相当な糞を投入する源となりうる。これが積極的に活用されている例もある。例えば、東南アジアで水鳥は昔から水田に肥料を、養殖池の魚に（糞をすることで）餌を与えるものとして重要だった。

しかし、オンタリオ湖沿岸の水から見つかったバクテリアのＤＮＡ調査から、オンタリオ州ハミルトン近辺の湖岸の糞便汚染は鳥、特にカモメとカナダガンが原因であることもわかっている。一羽のガンは毎日一キログラムの糞をする。皮肉なのは、この鳥たちがしばしば沿岸の住民から餌をもらっていることだ。その住民が今度は、水が汚くて泳げないと苦情を言うのだ。このような「慣らされた」水鳥の集団は北アメリカ全体で大きな問題となっている。

魚の糞はたいてい、リン、窒素、炭酸カルシウムに富み、水中食物網にとって重要である。炭酸カルシウムは二酸化炭素と反応し、水系において酸性雨による酸性化の影響を中和するために使われてきた。それは地球温暖化によって起きる海洋の酸性化を中和するためにも重要だろう。例えばマッコウクジラは、年に五〇トンの鉄を深海に排泄する。これが植物プランクトンの発育を促す。植物プランクトンは太陽からのエネルギーを使って、鉄と二酸化炭素からの炭素を化合させ、有機分子を生成する。このようなことをする生物を一次生産者という。これが死ぬと海底に沈み、深海に大量の炭素を運ぶ。南極海に生息する総数一万二〇〇〇頭のマッコウクジラは、一年間に正味二〇万トンの炭素を大気から除去していると推定される。だから、タンパク源としてフライパンに載せるためや、「調査」の名目で海洋動物を減少させることは、地球をフライにするために一役買いそうだ。反対に、陸地で家畜が集中し、栄養が昔からの生態学的経路をはずれた場合と同様に、魚の糞は養魚場から周囲の海水に漏れだし、環境汚染物質として地域に問題を引き起こすことがある。

二一世紀において、排泄物は単なる普通の養分とエネルギーではない。人間や家畜が摂取した多くの薬剤、そして薬剤耐性菌を含んでいるからだ。これは局地的な環境問題にとどまらない。人間や動物がウンコといっしょに排出した抗生物質や、その他の薬剤の長期的な生態学的影響ははっきりしていないが、わかっていることはやっかいだ。例えば、イベルメクチンはきわめて広く用いられているヒツジ、ウマ、ブタ、ウシの駆虫剤の一つだ。世界中で消化管と肺の線虫、シラミ、ダニ類、ウシバエを駆除するために使われている作用範囲が広いこの薬剤は、獣医師や農家の間では奇跡として考えられている。この薬が効くのは、無脊椎動物にとってきわめて毒性が高いからだが、それは私たちが嫌うものに対してだけではない。治療を受けた動物の糞に含まれるイベルメクチンの作用で、糞を食べる昆虫が一カ月で制圧され、結果として排泄物の山が築かれ、動物たちが餌とする植物の養分は失われる。こうして私たちはより多くの糞を作りだし、そのリサイクルに役立つ自然のプロセスを破壊してしまうのだ。

デンマークとカナダの科学者チームによる最近の実験的研究の結果、ごく低濃度のイベルメクチンが水中生態系の無脊椎動物に与える急性および慢性リスクが明らかになった。無脊椎動物はあらゆる生態系の機能に欠かせないもので、水系に捨てた有機廃棄物の分解は水棲生物のはたらきが頼りだ。私たちは間違いなく、危険を甘く見ている。

動物や人間の薬が排泄物から生態系の食物網に入ることは、問題の一側面にすぎない。もっと人知れず、世界規模の食料と糞の管理方法、特にいわゆるバイオソリッドによる施肥が、土壌の微生物群集に対する影響の研究が不十分なことで、カドミウムのような重金属をばらまく結果となっている。

ウンコをトイレに流せば、誰かが毒物やバクテリアを問題なくすべて除去してくれると単純に考える人は多い。これがかなり進んでいる自治体もあるが、処理に費用と時間がかかり、また我々が作り出すウンコの量にはかなわないかもしれない。下肥（ナイトソイル）は、畑で肥料として使われる未処理の人糞を指し、一方下水汚泥は廃水を処理したあとに残った、廃水と固形物の混ざったものだ。廃水は下水に流されたもののすべてであり、主に糞便だが、それ以外で人や工場がパイプを通ると判断したあらゆるものが入っている可能性がある。都市はそのウンコを処理して、窒素、リン、銅、鉄、モリブデン、亜鉛など「有用」な成分を適度なレベルに保つようにしながら、有毒物質と重金属を取り除く。処理の過程でこうした物質を抽出することができるバクテリアが加えられることもある。このプロセスを経て最終的に出てくる物質をバイオソリッドと呼ぶ。

このバイオソリッドは——ある種の規制基準、特に重金属についてのものを満たせば——農地に投入される。国や地域によるが、三〇から五〇パーセントのバイオソリッドが農地に与えられ、残りは焼却されるか埋め立てに使われる。バイオソリッドを農地に入れるのは、焼却や埋め立てよりもいい（生態学的により持続可能な）選択だと思われる。

このやり方が危険かどうかというのは、間違った問いだろう。リスクと利益は常にある。ただ誰がリスクにさらされ、誰が利益を得て、それがどれくらいのタイムスケールで発生するかが違うだけだ。農地の土壌に栄養分を戻すことは、私たちが生態学的循環とするものに沿った、いいことのように思われるだろう。しかし、ある種の根菜、例えばニンジンは、土壌からカドミウムを吸い上げることがわかっているので、土の中にできる食べ物には注意する必要がある。さまざまな条件、例えばバイオソリッドの出所（工業廃棄物か、農業廃棄物か、都市住民の排泄物か）、土壌の性質、地域の気候、作物の種類、これらすべてが、そのような金属が吸収されるかどうかに影響する。

だから、リサイクルがすべていいこととは限らないのだ。農場の積み肥または汚水溜めの中の畜糞、あるいは都市の下水に行き着いた人糞は、口から入って尻から出た食品や飼料の出所を反映している。ダイズをブラジルからスウェーデンに輸送して動物に与え、糞を集めるとき、我々は水と栄養を地球上の他の場所で採取して、新しい生態系に移しているのだ。リサ・ドイッチュは、カール・フォルケと共にストックホルム・レジリアンス・センターで行なった博士研究の中で、スウェーデン国内で工業的に作られたブタ、ニワトリ、ウシの飼料の七〇パーセント以上が、はるか東南アジアや南アメリカから輸入された原料に依存していると報告した。このような飼料（栄養、水、エネルギーと読み替えてもいい）の移入は、アメリカ大陸からオオヒキガエルを（害虫駆除のため）、ヨーロッパからウサギを（狩猟獣として）オーストラリアに移入したときと同じくらい深刻な変化を生態系にもたらす。いずれの種の移入も壊滅的な影響を与えたことで、当然のように悪評が知れわたっている。飼料の場合、影響はそれほど目立つものではなさそうだが、さらに重大なものかもしれない。私たちは、飼料の源と運ばれた先の両方で生態系を変えているのだ。スウェーデンの土地にウンコを入れることはリサイクルのように見えるかもしれないが、それは実はブラジルから水と栄養を、重金属その他の望まない「土壌改良材」込みで大量に移送することとなのだ。

同様に、カナダのウシを、オンタリオ州の草原にある小規模な繁殖牧場からアルバータ州の飼育場に移して、アメリカ中西部産のトウモロコシを与えれば、エネルギーと栄養を森林地帯と草原地帯のあいだで大規模に行ったり来たりさせていることになる。ネパールのスイギュウを食肉加工のために移動させれば、栄養をそれが必要とされる農村から奪い、それが問題となる都市に捨てることになる。動物に餌を与える方法、自分たち自身の食べ物、そしてみんなが出すウンコによって、私たちは世界の生態系を物理的に作りかえているのだ。

すべての生命にはコストがかかる。一ヘクタールの土地を切り開いて、ブタやニワトリやウシを飼い、人間を養うために使えば、その一ヘクタールは他の種に食物を与えることができない。多様な環境を排泄物に変えれば、地球にさらなる負担となる。地球上の人口を考えれば、ビーガン食（訳註：動物質を一切含まない食事）ですら生育地を失わせることで、多くの動物の死やゆっくりとした消滅に加担している。地球が安定した生態系であり、未来は過去と変わらないとするなら、ある程度は切り抜けられるかもしれない。だがそれはありそうにない。未来は不確かである以上、私たちにはできるだけ多様な種、生態系、思想、文化が必要なのだ。選択の余地を残すために。

結局、何が起ころうが自然は無関心なのだ。しかし私たちは、自分が住む世界の状況と、それがこれから七世代（訳註：「七世代先のことを考えて決定せよ」というアメリカ先住民族イロコイ族の言葉に由来する）にわたって居心地のいい場所かどうかを気にかけている。

人間の食料と動物の飼料の世界貿易――もっと広く言えば、生態系が提供するサービスを人間が特定の方法で操作すること――は、生物圏の有機物がこれまでにない形で変化し、再分配されているということだ。私たちは、動物、植物、バクテリアのすばらしく複雑な多様性を奪い去り、バクテリアと養分のごた混ぜに変えている。私たちは不思議で複雑な惑星をクソの山にしているのだ。

*1——これらは二〇〇〇年にウォーカートンで起きた悲惨な集団感染を防げなかったようだ。バクテリア源とされる動物の持ち主は、環境農場計画を履行していた。

*2——この意味で、他人に向かって「クソ野郎」と言うことは科学的に正しく、またほめ言葉でもあると考えられる。

*3——輸出入の数字はＦＡＯのウェブサイトから引用した。どの年度の数字を使ってもよかったのだが、読者の興味を促すのが目的なので、重要なのは桁の大きさであって細かい数値ではない。http://faostat.fao.org/site/342/default.aspx 参照。

第八章　排泄物のやっかいな複雑性とは何か[*1]

排泄物関連問題のリストは長く、また日々伸びている。ネパールの糞便感染する寄生虫、ヨーロッパと北米での排泄物を原因とする食品媒介疾患の集団感染、糞便感染する寄生虫が時に引き起こすことがあるてんかんなどの神経障害（トキソプラズマや有鉤条虫を思い出されたい）、オランダの窒素による水質汚染、世界中の都市のバクテリアに汚染された水。同様に関係のある（それほど直接的ではないが、それでもそれとわかる本質的な形で）アフリカの角での食料不安と飢餓、世界中で機能不全を引き起こしている急速な都市化は、大企業が食料と排泄物を共に集めて、世界規模で取り引きすることを正当化している。

世界は急速にコントロールを失っており、古い科学的・技術的・政治的行動計画は、効果的に対応するための力を持たない――そして経済的・倫理的・知的資源を欠いている――ようだ。単純に病気と問題に優先順位をつけて、一つひとつ、リストの頭から順番に始末するということはできない。リストにはきりがない。何よりまずいことに、ある問題――例えば食料不足――のために考え出した解決策が、例えば新しい病気の発生と蔓延に絶好の条件を作り出すというような、解決したのと同じくらい多くの問題を生む。動物の寄生虫を駆除すれば、その動物を支える環境を破壊するかもしれないのだ。

ウンコと食料と生態学的持続可能性のやっかいな混乱の中心にあるのが、理論の問題だ。私たちは、ヘンリー・フォード流の直線的工業的な自然モデルを使って、その場その場の解決法を発達させてきた。この理論は工場や研究所ではうまく働くが、そうした範囲の外の世界をめちゃめちゃにしてしまう。

世界についての「通常」[*2]科学的（規則的、工業的、直線的因果関係にもとづく）前提は、関連するすべての部分をまとめるための、あるいは重要な疑問を発するための明確な方法すらも提示できない。ウンコ（シット）と科学（サイエンス）が同じ語源を持つのは偶然ではない。食料安全保障のための解決法が、生態学的持続可能性にどのように影響するのだろうか？　畜糞管理問題のための解決法が、気候変動や食料安全保障にどう影響するのか？　獣医学あるいは医学上の問題に、ある対応をすることが、実際には長い目で見て健康を害することがあるのはなぜか？　どんなに重要な、あるいは「よい」変化であっても、それにどうしても伴う苦悩にどう対応したらいいだろうか？　科学の復権はあるのか？　最後の問いへの答えは「ある」だ。「現実世界」に根ざした知識を生み出す方法として、科学をより大局的に見るのなら。

リストを作って、問題を一つひとつ解決していくことができないなら、残された手だては何だろう？旧来の社会発展と通常科学の観点では、あまりない。研究者は確かに優れた独自の専門的研究を、科学哲学者トーマス・クーンが通常科学と呼ぶものにもとづいて行なっている。通常科学とは、それぞれの専門分野が手法、受け入れられる証拠、品質管理について不変のルールを独自に持っているような科学のことだ。それから学者は結果を政治家に引き渡す。学者は政治家が、自分たちよりもはるかに思慮深く、見識があり、総合的で先見の明を持つことを期待している。そして政治家が、自分のものでなく他の誰かの証拠を元にした基準を使って決定を下すことを嘆く。

政策立案者は、その中で思慮深い者であっても、さらには「一つの健康」（人間、他の動物、生態系の健康を一つにすること）を行動計画のトップに掲げる者でさえも、健康の社会的あるいは環境的決定要素と限られた予算をまとめ上げるという難問に直面する。畜糞管理は子どもの貧困、母子保健、人口抑制、クジラの減少、農薬汚染、鳥インフルエンザ、コレラ、飢餓、サルモネラ症、子どもの肥満、交通事故と競合する。それどころかこのリストには終わりがなく、もっと予算を、もっと計画をという請願が引きも切らない結果となる。

危険で不確かなことだらけではあるが、この仕事に望みがないわけではない。なぜなら個々の問題は、根本的には一つの大きくやっかいな問題の一部だからだ。それを理解することができれば、有望な解決策を思いつくこともできる。人類はなかなか利口な種なのだ。

科学と知識の基礎に戻ってみよう。科学者は狩猟採集民だ。果物や木の実の代わりに、私たちは世界という名の入り組んだ深い森で、現実が落とした糞を追う。世界を本当に知ることはない。みずからの感覚——視覚、嗅覚、触覚、聴覚、味覚——で受け取るのだ。これらの入力が神経結合を作りだし、それは「外部に何があるか」についての内部のメンタルモデルとして機能する。このメンタルモデルが我々の行動と、生存を決定する。

時に個々の人間は間違うことがある。人は精神病を患うことが、つまり神経結合や生化学的メッセンジャーが混乱することがある。特殊な事例を一般に応用できると考えてしまうことがある。文化的先入観があるものを見せたり無視させたりすることがある。動物は、思考回路が前提としている環境が変わってしまったために、思いがけない事態に遭遇することがある。被捕食動物は食べられたり、車に轢かれたり、風力発電機の風車に飛び込んだりするし、人間もコレラ菌や大腸菌を含む糞便で汚染された食物を食べ、水を飲むことがある。あるいは新種のインフルエンザで社会がパニックに陥り、養豚農家が出荷する市場が突然なくなってしまうかもしれない。

このような欠点を、情報を共有し、自分の知覚にもとづいて互いを批評し、さまざまな物語を話し、聞くことで、私たちは克服する。「自分の経験によれば」または「私たちが行なった研究にもとづけば」と、私たちは話を始める。これは焚き火を囲んでの猟の話以上でも以下でもない、事実から意味を組み立てるというやり方なのだ。

現実の糞集めは科学のごく一部でしかない。集団的に、開かれた方法で事実から意味を組み立てることが、科学者を廃品回収業者と区別するものだ。この複雑で不確かな世界で、優れた科学は知覚した事実について語るプロセスの系統化である。優れた科学、最良の科学は、経験を共有し、別の解釈を提供し、過去の経験にもとづいて未来の可能性を予想する方法なのだ。

これが実際にはどのような意味を持つだろう？　私たちが住む宇宙は非常に豊かな関係の集まりであることを特徴とし、まわりに見えるものは、環境からの幅広い影響に対して開かれている。数学に傾倒した複雑系の理論家の中には、事実上若干の単純な計算の繰り返しを使って、その複雑さの説明と「再現」ができると信じている者もいる。しかし、私を含め公衆衛生と環境問題への取り組みの複雑さを専門に扱っている人間は、ほとんどがこの想定に異論を唱えるだろう。定量的モデリングは、病気の広まりや土壌中での窒素の動きに対する興味深い洞察を、ある程度はもたらしてくれるだろう。だが、世界の複雑さを、包括的で明確な形でモデル化することは——特に、もっともやっかいな種である人類自身を含めるなら——不可能だ。複雑性研究に関する幅広い著作のあるジョン・L・キャスティは、それを「驚きの科学」と呼ぶ。この立場を取るなら、多数の異なる視点を受け入れることによってのみ、驚くべき「世界の機能の仕方」について、私たちは洞察を得られるようになるのだ。

現実には、私たちが世界に感じる複雑性は、世界それ自体と、世界を観測する私たちと、私たちの発する疑問が持つ性質の作用によるものだ。壊れた時計の直し方、あるいはイヌの便サンプルの集め方を問うのであれば、時計やイヌを比較的単純で機械的なものとして考えることができ、複雑性などという考えを持ち出す必要はない。しかしもし、社会において時計の果たす機能や、時計を作るために必要な資源、材料、技能の獲得に要求される社会的、政治的、経済的、生態学的関係を問うならば、複雑性を持ち出す必要がある。同様に、コレラで死にそうな人を助けたければ、水分補給のための飲料水源を提供するという、困難ではあるが比較的単純な方法がある。コレラの流行を防ごうと思ったら、政治、社会、経済、生体医学、生態学的な力の複雑な相互作用に直面することになる。

どうすればここに、重要で急を要することの多い決定のための余地を作れるだろうか？　実際上、鍵となる一連の関係を取り上げ、基本原則や傾向を探り、ある入力に対する結果として、少なくとも無理のない予測をすることができる。私たちは何かを試したあとで、予想通りの結果が得られただろうかと考える。こうすることで、私たちはシステム思考を行なうのと同時に、肝心なところで単純化を行なっているのだ。モデルがどんなに複雑であっても、それを現実世界の複雑さと混同してはいけない。現実世界の理解に近づくための唯一の方法は、できるだけ多くの視点を集め、全体像を作ろうと努力することだ。くり返しくり返し。

世界について体系的に考えれば、何もかもがつながっており、したがって私たちがやることなすことが意図しない結果を招くという主張は、妥当なものに思われる。しかし、すべてが等しくつながっていたり関係していたりするわけではない。関係の強さには違いがあり、またつながりが時間と空間を広くまたいでいることもある。例えば、ヨーロッパと北アメリカの消費者と農家が、第二次世界大戦後に食料供給拡大を選択した結果、ありとあらゆる意図しない社会的、生態学的影響があり、その多くは畜糞の発生と処理に関するものだった。この結末はあとで振り返って初めてはっきりしたことだ。五〇年前に観測したことを元にして、今日の世界を予測できた人はほとんどいなかっただろう。

それでは、世界についての自分たちの考えを体系的に説明し、役立てるにはどうしたらいいのだろう？　まず、系についての考えは、一般的に単純系、込み入った系、複雑系の三グループに分類することができる。

私が交通事故にあって救急救命室に運び込まれたとしたら、どの輸液を与えるか、どのように血管に針を刺すか、どうやって足の骨折を修復するかなどを知っている専門家に治療してもらいたい。畜糞貯留槽があふれていたら、なるべく早く流出を直す方法を知っている優秀なエンジニアに任せたい。このように問題のまわりに境界線を引いて、わりあい単純に考えることは、一番手っ取り早い解決法だ。救急救命室の医者から、人生の目標について質問されたくない。

学者としての立場から見れば、単純なシステムの理解は、知識を集め、質のいい、比較的単純なモデルを開発することで高められる。現実には、私たちはよい教育と訓練を求め、命令系統を欲しており、効率がいいのはいいことだ。この「単純系」は、私たちの体調や糞の流出で言えば、尋ねられる質問と解決したい問題にあたるはたらきをすることを覚えておく必要がある。緊急時には、あるいはコンピューターや時計を修理する必要があるときにも、人生の意味や現代社会におけるテクノロジーの意義について質問しても役には立たない。単純系の観点は、質問をするための出発点である。社会参加する科学者にとって、それは終着点ではありえない。

時計を修理したり骨折を治療するよりもっと込み入ったシステム観点を引き出す問題もある。例えば、一定のことを一定の方法でやれば、私は宇宙船を火星に着陸させられるし、一定量の畜糞を、土壌型がわかっていて降水量が比較的安定している土地に安全に処分するための、数学的計量化モデルを作り出すことができる。実際には、私が本当にやるわけではない。もっと正確に言えば、私はそれができる専門家を見つけられるということだ。込み入った系に取り組むためには、専門家に依存する必要がある。数学とモデリングは難しいので——常に頭に入れておこうとするつながりが非常に多いため——ゆとりが必要なのだ。抑制と均衡（チェックアンドバランス）や予備の計画を確保することも必要だ。

質の高い教育と訓練は、込み入った問題に取り組む上で重要だ。しかし、単純系とは違い、有効性（目標の達成）が効率より重要になる。キュリオシティ（探査機）を実際に火星に着陸させることのほうが、最少の燃料でできるだけ早く到達させること（それも関係する多くの問題の一つであることに違いないが）よりも重要なのだ。

世界が比較的安定していると想定すれば、複数の専門家による込み入った思考によってきわめて多くの問題が解決されると考えられる。地球とその引力が、キュリオシティの旅の間に大きく変動することはないだろう。そこそこ安定した気象と政治状況、農業における生物多様性、あるいは医療制度において医療供給に携わる人員の多様性は、緩衝装置となる。ゆとりは変化やストレスに直面したとき、ある程度の復元力をシステムに与える。

残念ながら、最良の抑制と均衡システムは、世界が不安定になればはたらかなくなる。急激な気候変動と政治経済の不安定を前にして、どの作物がよく育つかとか、医療供給に求められるものは何かとか、どの畜糞管理システムがもっともよいかなどと予測することを私たちは迫られている。それどころか、生態系と文化が驚くほど多様な世界では、その込み入ったシステム的思考は、世界が比較的安定していても、あまり役に立つ指針にはならない。

私たちの生きる状況が不安定になり、万能の解決法があるという考えから私たちが抜け出すにつれて、込み入った問題と思われていたものは急速に複雑な問題へと形を変えている。これは特に、都市計画、農業・食料システム、それらに伴う畜糞問題に言えることだ。規模の経済（食料生産についても畜糞処理についても）は、ある種の資源を安定した経済的・環境的条件の下で効率的に利用できるようにするが、変化に直面したときには非常にもろい。みんながトウモロコシを栽培していて、化石燃料の価格が上がるかトウモロコシ相場が暴落すれば、システムは適応できない。トウモロコシが全部燃料になったり、反対に作物が売れなくなって、人々は飢えるだろう。

大量の動物を処理しなくてはならない大規模な屠場は、国境封鎖や市場アクセスの突然の変化（狂牛病（BSE）や口蹄疫、原油価格の変動によって）が起きると完全に閉鎖しなければならない。こうなると、生産者が地元の市場の需要すら満たすことができなくなり、壊滅的な影響が広がるおそれもある。

私たちは、多くの予測モデルが役に立たず方角のわからない世界に放り込まれてしまった。熱帯の砂漠に迷い込んだホッキョクグマのようなものだ。きっちりとスーツを着た会社員が首までウンコに浸かっているようなものだ。今こそ複雑性について考えるべきときなのだ。

複雑系は複雑性の説明——私たちが住み、経験する世界を説明しようとする試みだ。私たちはまさに、とてつもなく込み入った不安定な関係を理解しようとしているので、そのような説明やモデルはいくらでもありえる。観測者が違えば世界に違ったものが見え、モデル化の仕方も違うからだ。数学モデルはある出来事（例えば病気の世界的流行、気候変化、畜糞の生成と処理が生態系と気候に与える影響）を説明するために役に立つが、このすべてを人間の行動とまとめ合わせて、未来に起きることを予測できる単独のモデルはない。例えば子どもを育てるのは、宇宙船を火星に送るようなものではない。

もっともっと複雑で難しいのだ。食料と糞の持続可能なシステムや、工業と人間の居住地と野生動物と食料生産が競合する河川流域での土地利用を管理するのも、同じように複雑だ。

複雑系の理論にはさまざまな面があり、その全部をここで検討するつもりはない。中でも私が特に興味を持っているのは、排泄物のやっかいな問題に取り組む上で役に立ちそうなものだ。そこにはシステム思考の基本的要素（つまり、関係と相互作用に目を向けること）、スケール（時間的および空間的）、多面的視点が含まれている。

議論の糸口として、私たちが住む世界を社会的システムと「自然」すなわち生態学的システムに分け、この二つが独立した存在だと仮定しよう。すると食や畜糞の処理といった人間の活動が、私たちの住む状況をどう変えるか、そうした生態学的変化が、今度は人間社会をどう変えるかを想像することができる。私たちは人間社会のシステムを、都市の設計方法、食料の生産と分配、畜糞の取り扱い、商取引、旅行、交通システムの創出、ダム建設、森林伐採などのやり方によって変化させる。これら社会システムの変化は、次に生態学的システムを通じて、エネルギー、物質、情報（遺伝、行動、文化的な）の流れを変える。流れの変化は、さまざまな結果（水流の変化、未開拓地への侵入を原因とする病気の発生、地面の舗装と木の伐採によるヒートアイランドの生成）を生み出す。一回りして、こうしたさまざまな結果は社会システムに対し、適応するように圧力を加える。突然、私たちは新しい病気（例えばＳＡＲＳ）の世界的流行、大都市への高潮（ハリケーン・サンディのような）など、インフラストラクチャーが想定していないものに直面するのだ。

社会システムおよび生態系がどう相互作用するかという、このような説明に関係するのが創発という概念だ。多くの変数が相互に作用するとき、まったく新しいものが発生することがある。あるいは少なくとも、世界の見方を変えれば、新しいものが見えるかもしれない。顕微鏡を覗き、それから引いてみるという、進化についての章で紹介した訓練を思い起こして欲しい。単細胞は、ある生態学的背景において相互作用により多細胞動物を生み出すが、顕微鏡から一歩下がらないかぎりその動物は見えない。木や草から一歩引かなければ、森や草原は見えない。何か本当に新しいものが生まれることもある。最初の単細胞生命体をもとにして、誰が北方林を予見しただろう？　二、三本の木を見て、誰がそのような森林の流れと境界を予想できるだろうか？[*3]

世界的に知られたシステム設計工学者・生態学者・物理学者であるジェイムズ・ケイは、社会システムと生態系の相互に作用する変化が、エネルギー、物質、情報の流れを通じてどうつながっているかを余すところなく解き明かした。都市の公園や地方の農業から、工業、大規模な自然保護地区まで幅広い状況を研究し、目に見えるものと、生態系の複雑なエネルギーの流れに対する深い理解とを結びつけることで、ケイはある一般原則を引き出すことができた。社会システムは、境界の外との間にエネルギー勾配（化石燃料による、あるいは人間や動物に組み入れられたエネルギーの投入）ができると、そのエネルギーを利用し消滅させるために、物質的構造（軍隊、企業、農場、高層ビルなど）を作る。この構造は、手に入る材料から作られ、エネルギー、物質、情報（遺伝的特徴、生物学的構造、後天的行動、習得した知識）によって環境を物理的に変える。これは、当初社会システムの背景と投入物を形作った自然のシステムを変化させる。
今、鶏肉の価格を下げて、収入の低い人たちが手に入れやすくしたいと思ったとしよう。これが社会的なゴールであり、政治的・商業的構造が変化した結果だ。大量の化石燃料を投入し、堅牢で空調された鶏小屋を作るだけでなく、ニワトリの飼料にする穀物の生産に適するように農業の物理的状況を完全に作り直すことで、これは達成される。これにより農村共同体の構成のされ方と都市との関わり方が変わり、バクテリアが社会システムへの新たな侵入経路を見つける機会を作り出す。だから太陽が輝く限り、あるいは地下に蓄えられた太陽エネルギー（つまり化石燃料）を採掘する限り、社会－生態学的システムはエネルギー勾配に直面し、際限のない再構成のフィードバックに捕えられる。

人体が単なる化学的相互作用の合計ではないように、ある資源を要求する都市社会は、その構成部品以上のものを作り出す。我々が見ている畜糞の蓄積、新しい病気の発生は、その新しい存在の一部であり、農業と土地利用の根本的な組織構成を変えなければ、コントロールできないかもしれない。七〇億の人口は、一〇億人とは質的に違う社会的・生態学的原動力を生み出す。

人間社会が、それ自体も組み込まれている生態系とどのように作用しあい、それをどう変えるかについて、私たちは話してきた。これは地域的に起きるだけのものではない。こうした変化はあらゆる階層（個人、家庭、近隣）で、また階層間（個人の自動車利用が全体として地球の大気を変化させる）で発生するのだ。

持続可能な発展の研究を進めるにあたって興味を引く復元力（レジリエンス）、完全性、健康といったものは、多くの地理的、組織的階層間の相互作用としてのみ理解が可能だ。

研究論文によって、こうしたシステムは複雑適応系、自己組織化ホラーキー的開放系[*4]、社会生態システムなど、さまざまな呼ばれ方をしている。一般に、「複雑適応」と「自己組織化」が意味するのは、健康なあるいは復元力のある自然システムは、さまざまな外部からの圧力に対して、自己の本質的な機能を保つということだ。種は絶滅するかもしれないし、温度は上がるかもしれない。だが、残った生物がまだ、増加するエネルギー量に対応した構造を築くように自己を組織化でき、リンや窒素などの必須元素を循環させることができれば、それは生き残るだろう。

その修復と自己組織化は、時間の経過に従ってどのような形を取るだろうか?

以前よく言われていた――生態学的変化の限られた観察にもとづいて――のが、すべての生態系は未発達な段階から発達した段階へと進み、そこで何らかの形でとどまっているというものだ。それほど単純ではないらしいことが、今ではわかっている。社会と生態系との連鎖した変化を研究する研究者の世界的なネットワーク、レジリエンス・アライアンスは、持続可能性と生態系の変化を多くの階層で調べてきた。カナダの生態学者C・S・「バズ」・ホリングによる画期的な研究を元に組み立てられた、その独自の結論は、あらゆる生態系は四つの発達段階を経るというものだった。

第一および第二段階では、さまざまな種が競争したり協力したりしながら、特定の生態系の構造を作りあげる。この各段階を利用、保全と呼ぶ。ある時点で、おそらくシステムが「過剰につながった」ときに不安定になり、崩壊して、再組織化の過程を経る(第三、第四段階)。ホリングは最初、生態系での崩壊と更新を「創造的破壊」と呼んだが、独創的で知的な言葉づかいになじみのない科学者たちから非難されたらしく、のちにこの転換期の名前を「開放」と「再組織化」に改めた。

小さい規模では、このサイクル内の創造的破壊は、小さな山火事、トウヒシントメハマキ（訳註：蛾の一種で針葉樹の害虫）による小さな範囲の食害、小規模な集団感染などに表われた。小さな山火事や感染のあとで、再生のための遺伝物質や栄養物質が、周囲では豊富に手に入った。

局所的な火事や感染が抑制されると、多くの枯れ木や病気にかかりやすい木が残され、問題は拡大した。その結果が、大規模な火災や感染だった。要は、ある種を自然のシステムから取り除いたり、時間をかけて発達した状態からシステム内での関係を変えたりすると、その取り除いた種の生態系での役割を、人間が果たさなければならなくなるということだ。私たちは手を加えた生態系との付き合い方を変え、火事や感染が生態系で果たす役割（年を取ったり、死んだり、弱ったりした物質や動植物を取り除き、再生し、新たに種をまき、土地を肥沃にする）を、意図的に代行してやる必要があるのだ。ある種の機能は、別のもので置き換えるのが難しいことがある。うっかり糞虫を駆除してしまえば、何がその役割を果たすのだろう？　種子を散布するコウモリや鳥、花粉を媒介する昆虫を排除してしまったら、更新の手段はどうなるのだろう？

農業はこのプロセスを利用し、大きな成功を収めた。新しい種をまき、不都合な動植物を皆殺しにし、「熟した」作物を収穫し、土地に残った植物の構造を破壊し（つまり耕し）、最後に希望する植物の種（おそらくは遺伝子を組み替えた新種）をまくというのがそのやり方だ。このような農業活動は、来年も去年と同じという予想にもとづいている。しかし農民の予想は、例えば海の魚とは違う。魚のライフサイクルは水温がある程度一定であり、餌が手に入ることを想定している。農民は安定した気候と、例えばトウモロコシの高値を共に当てにして、現在を変える（トウモロコシの作付けを増やす）。もしすべての農家がトウモロコシを栽培すれば、環境が変わり、不安定な気候の一因となり、トウモロコシの価格を引き下げる。これについてはあとでもう一度検討しよう。というのはこれにはよい面もあるからだ。

局所的な出来事は、時間的・空間的規模をまたいで、より大規模な出来事と相互に作用し、地球上の生命がどう進化するかを変える。大規模な変化——気候、農業慣行、都市の土地開発などの——は、地域的な更新に利用できるエネルギーの量と、情報や物質（栄養、元素、種子、動物）の種類を変える。[*5] つまり私たちは、複雑なフィードバック全体に捉えられていることになる。局所レベルでの遺伝的「革新」「革命」「反革命」は、それより上位の規模で発生することを根底から変えることがある。このような局所的な変化は、例えば、家畜飼育慣行の変化——抗生物質の使用と耐性菌の進化・拡散、気候変動や地球規模の窒素、リン、水の循環に寄与する——と関わっているかもしれない。構成要素の一部を変えることで、種が生息・進化する背景を形作る関係を実際に改変するなら、種は消滅を始める。それは「旧ユーゴスラビア」の難民のようなものだ。自分の国が消えるのだから。その種には文字通り戻る仕事がないのだ。

すべての構成要素を守れば生態系を再建することができると、言われていたことがあった。本当にそうなるか、もはやよくわからない。遺伝子銀行は興味深いものだが、それは私たちを、元いた場所に「戻す」ことは決してない。遺伝子が「する」ことは、それが発生する背景が決定するからだ。

排泄物について考える上で注意すべき重要な点は、どのような社会－生態学的システムでも再組織化・更新は、エネルギーが継続して入ってくるにもかかわらず、手に入る物質と情報に左右されるということだ。飼育場や鶏小屋の外に糞が山積みになっていたり、養豚場の外に大きな汚物溜めがあったりするのを見るとき、それは情報が失われているのを見ているのだ。糞が生態学的に多様な環境において、生物間の関係と一体化した一部分であるなら、私たちには、その情報を取り戻して、ある程度の回復を達成することしかできない。

大規模な工業的農企業と、それが食料を供給する大都市は、エネルギー効率をよくできるかもしれないが、大きな変化を前にするともろい。それらは情報を適応的、自己組織的に利用するための多様な資源や結びつきを内部に持っていないのだ。利用したであろう情報は、糞の山になって積み上げられている。

これら相互作用する変化を単独ですべて考える方法はない。だが、役に立つかもしれないものはいろいろとある。

レジリエンス・アライアンスの研究者たちは、我々のまわりに見られる複合的、多層的な発展、崩壊、変化を「パナーキー」と呼んでいる。パナーキー的観点では、持続可能な発展は革新と記憶、反乱と安定として見られる。革新と反乱は局所的に、何もないところから発生することが多い。記憶と安定は長期的な気候と文化のパターンに記号化されている。

哲学者のアーサー・ケストラーは、自然は二つの顔を持つローマの神ヤヌスのようなものだと述べた。生物、人間、家族、流域はそれぞれ、独自の内部規則とフィードバックを持つ統一体でもあり、もっと大きな何かの一部でもある。ケストラーはこうした全体にして部分であるもののそれぞれをホロンと呼び、構造全体をホラーキーと呼んだ。環境学者で元トロント大学環境研究所所長ヘンリー・レギアーは、ケストラーの構造的洞察とパナーキーの力学を共に理解した上で「ホロノクラシー」という用語を導入した。ホロノクラシーは、入れ子になった社会と生態系の変化を説明する方法を具体化し、そうした観察にもとづく管理と統治についての新しい考え方を暗示する。民主主義は一般に「水平的」――法の前に平等な人間集団――として説明される。独裁制では、一人の人間が万人の上に無制限の権力を持つ。多くの場合、政治的な議論は二元的世界観、つまり個人対国家にもとづいている。

政治と統治を、個人と国家に関わるものとしてだけ見るのは、過密で不安定で互いに影響しあう、きわめてわかりにくい世界に生きる上での難しい問題を解決するための役に立たない。私が考えるもっと役に立つ見方は、微生物を微小環境（例えば腸内）の一部として捉え、微小環境をより大きな群集（環境中の動植物）、生態系（循環する養分）、さらには生物圏、宇宙の一部として見るというものだ。同様に、体内にバクテリアを棲まわせた個人は家族の一員であり、さらに大きな地理的範囲で協力する共同体に属し、それが地球全体にまでつながっていると見ることができる。それぞれの単位（バクテリア、動物、糞）は、自然のより大きな単位と影響しあい、さらにはその一部でもあり、またより小さな単位からできていて、物理学者が探している目に見えない細かいものにまで行き着く。

レギアーのホロノクラシーは、パナーキーやケイのモデルと共に、積み上がったウンコをどう説明するかだけでなく、それをどう考え、どう管理するかの枠組みを示すものだ。選択肢を地域の条件に合わせることは、政策担当者や当局者にとって受け入れにくい。彼らは「万能」の解決策を求めているからだ。自然のシステムでは、排泄物循環の解決策はすべて、局地的な条件に合わせてきわめて微細に調整されている。工業化されたシステムの中で畜糞の利用をコントロールすることを意図した環境法は、善意からできたものであっても諸刃の剣だ。それは大規模な飼育場ではうまくはたらくかもしれないが、多様な条件の下にある小規模農家や地域社会に、大規模な工業的運営に適した解決法と規則を押しつけようとするのは、何か上意下達の専制主義を思わせる。このようなものは多くの小規模農場を廃業に追い込み、都市の地域主体の活動に水を差しかねない。あるシステムを犠牲にすることに意味があるのは、規模の経済がはたらく場合だけだ。さらに、このやり方は、もっと効果的で安価で地域に適した畜糞管理方法が、新たに見つかるのを阻害するかもしれない。ホロノクラシー的に考えれば、国や国際社会の方針は規則、援助、能力、情報、予算を提供する——つまり地域社会と生態系の繁栄に必要なあらゆるものを提供する——ことと、地域の崩壊が起きたとき、更新のための資源を供給することになる。

社会‐生態学的システムの復元力の評価を、どのようにすればいいだろうか？　物質、情報、エネルギーの動きを、どうすれば「見る」ことができるだろう？　一つの方法が動物、植物、その他の生物間の関係について経験則にもとづき、あるいは比喩的に観察結果を利用することだ。生態系は次のものから成り立っている。

（1）一次生産者。太陽光と環境中の物理的要素を使って食物を作り出す。

（2）消費者。生産者、生産者が作りだした食物または他の消費者（あるいはその両方）を利用・合成・転換する動物（人間を含む）とバクテリア。

（3）分解者。死んだ生物や有機廃棄物を分解する微生物。

この三タイプの生物は、生態系の動きが物理的な形を取ったものだ。それは、構造やシステムの復元力を作る機能を持ちながら、例えば窒素や水を循環させる機能を果たすのだ。

寄生虫と昆虫と植物の生活史が示すのは、バクテリア、昆虫、植物、動物の生存、成長、適応が時間と空間を越えてある一連の経路でつながっていることだ。それどころか私たちすべては、目に見えないウンコが作った目録であり、生命に関する自然の秩序はウンコの上にできていることを、それは示しているのだ。

進化という面から見て、生態系は養分を廃棄物、動物に限定して話をするなら私たちがウンコと呼ぶ形で再利用し、詰め替え、再循環させることで「自己組織化」し、復元力を保つ。復元力の高いシステムほどエネルギーをうまく発散させるという一般論を貫き通すなら、システムがエネルギー利用の経路を多く発達させることができるほど、システムは建設的に（そして無意識に）自己を組織化し続けられ、より復元力を持つだろう。この経路の多様性をまねて、居住空間と食料供給の方法を新しく生み出しながら、回復の手段をいくらか取り戻すことは私たちにできるだろうか？

できる、と私は信じている。これまで教えられてきたよりも複雑な現実の見方にもとづいて、私たちが世界と、その中での自分の居場所を理解するなら、通常科学と政治を超えて、いくつもの視点、いくつもの複雑なシステム的モデルを受け入れるなら、ある種の世界共通の幅広く解釈できる物語を共同で作ることができる。トウモロコシだけが頼りの農民や、一カ所か二カ所の浄水場、下水道の機能、地域の電力供給が衛生状態を決定する都市のようなものでなく、私たちはさまざまな未来を予想する適応力を持った状態を作り出したいのだ。

世界が、一つの問題に一つの説明では済まない場所で、複数の視点を微生物学者と人類学者が、呪術師と疫学者が、生態学者と経済学者が、農民と性産業従事者と音楽家がそれぞれに持ち、それぞれにいくぶんかの妥当性と真実がある場所だとしたら、どうすれば私たちは前進できるだろう？　湧いてくる珍奇な考えを何でもただ受け入れるのでなく、ぶつかりあう複数の視点を受け入れながら情報の質を保つにはどうすればいいだろうか？　これら多様でしばしば対立する人々すべてに、共通の、適応力のある、多様な物語を語らせるにはどうすればいいのだろうか？

この人々すべてが、知識を生みだし、世界についての実用的な理解を得るためのプロセスに参加することは、政治的目標の達成を助けたり、新製品の販促をしたり、民意を集めたりする単なる手段ではない。市民参加と複数の視点は、糞の山から新鮮な空気の中へと、何かしら新たな一歩を踏み出すために欠かせないものなのだ。個人的体験談、臨床検査、リスクの異なる集団についての疫学研究、検体検査などが臨床的決定に影響を与えるように、それぞれが別々の根拠で貢献する。参加型アクションリサーチやそれに類するものは、ただ人々を参加させ、よりよい解決方法を考案する手段としてだけではなく、それ自体として重要なものなのだ。

事実をめぐって論争があり、価値に異議が唱えられ、知識が不確かで、決定が迫られ、意思決定による利害が大きいという背景において、市民参加は優れた科学のために欠かせない。科学哲学者のシルビオ・フントウィッツとジェリー・ラベッツは、これをポスト通常科学と呼んでいる。多くの科学のパラダイムをひっくり返したり置きかえたりするものではなく、それらを受け入れることに関わるものだからだ。これは種類の異なる知識と事実の多様な解釈に開かれた、民主的な科学の方式である。

これが少しでも満たされなければ、私たちはみんな妄想にとらわれて、世界はただ一つの像に当てはめることができ、病気や貧困や経済格差には最終的な解決があると信じてしまう可能性がきわめて高い。この新しい科学に少しでも届かなければ、環境政策の専制と戦う自由貿易経済の専制と戦う公衆衛生の専制へとつながる。

だが、この新しい科学の要点は何だろう？　知識の民主化？　それもある。よりよい科学？　それもある。でも何のために？　飽くなき好奇心のため、といってもいいだろう。しかし世界を変えるという幻想を持ち続ける私たち、知識の創造を政策と行動に移したい私たちにはゴールが、自分を駆り立て、目標を与えてくれるものが必要なのだ。

復元力は多くの生態学者が目標として崇拝してきたものだ。それについて私には異論はない。この新しい科学の目標をはっきりさせるもう一つのうまいやり方——特に排泄物の問題に対応でき、そうでもしなければ「環境」になど構わない人たちの注意を引くもの——が、健康だ。健康なら何でもいいというものでもない。「一つの健康」だ。

二〇世紀の偉大な大衆科学者の一人、ルネ・デュボスは、健康は蜃気楼だと言った。それは絶えず地平線のどこかで揺らいでいるが、決して手に入ることはないからだ。しかし健康は日々手に入れられ、あらゆる文化で再考され、復活させられている。それは蜃気楼ではない。食べるもの、付き合う相手、浴びる日光の量、天候一般、水質などに対して敏感ではあるが、健康は更新可能な性質のものだ。私たちは誰もが「病気や虚弱でないというだけでなく、肉体的にも、精神的にも、社会福祉の面でも充実した」状態にありたいと思っている。これは世界保健機関（ＷＨＯ）の、一九四八年の憲章による健康の定義だ。私の同僚の中には、これはオーガズムみたいなもので、定期的に楽しむことはできるが長続きする状態ではないと言う者もいる。

そのような警告もあるが——中にはことさらその警告ばかりしている人もいるが——私たちのほとんどは、人間を含むすべての種と、我々が共有する地球にとってよいものだという主張に、賛成するだろう。これが、世界保健機関、国際獣疫事務局、世界銀行、国連、世界中の複数の政府機関および非政府団体が一つの健康と呼ぶものだ。

一つの健康の話をすると、こんな疑問が出るかもしれない。誰の健康か？　北アメリカ人か？　アフリカ人か？　アジア人か？　豊かな人々か？　貧しい人々か？　子どもたちの子どもたちか？　何よりもまず、個人の健康か、集団の健康か、共同体の健康か？　乳幼児を救い、ワクチン接種をするために多額の費用を注ぎ込みながら、同じような注意を教育、やりがいのある仕事、食料安全保障に払っていないこともありうるので、その子どもたちが成長したときの事態を、私たちは悪く――もっともっと悪く――しているのかもしれない。私たちは、過密になった地球によって破滅の瀬戸際まで追いつめられている。そこから引き返すことはできるのだろうか？

もし多額の予算を高齢者を生かし続けることに注ぎ込めば、そうした子どもたちが有意義で充実した人生を送るために必要な資源の利用にどのような影響があるだろう？　その場合、世界的な貧困、若者の失業、そしてその当然の、証明済みの帰結である戦争を私たちは助長しているのではないのか？　スラムに水洗トイレと住人が洗い物や飲み水に使うように水道を設置して、すでに危機的な地下水位をさらに下げれば、その人たちは将来どうなるのだろう？　アマゾン川流域の住民に、水銀中毒を防ぐために肉食魚でなく果物を食べる魚を食べるように勧めたら、実のなる木が種を拡散する方法を奪うことにならないだろうか？　その結果何が起きるのだろうか？　世界の目標として食料生産と畜糞処理だけに関心を集中し、それをどう実現するかに注意を向けなければ、事態は悪くなるのではないだろうか？　いや、すでに悪くしてしまったのではないだろうか？

このような疑問を唱えるなら、私たちは悲劇と、喪失と、苦難に対処しなければならない。あらゆる文化的儀式、音楽、詩、宗教など、悲しみと付き合うためのものに取り組まなければならない。なぜなら長い目で見れば、すべての人を健康にしようとすれば、多くの人に悲しみをもたらすことになるからだ。

それでも健康は十分に確固たる思想であり、だから何らかの形で私たちを引きつけ続け、細部で論争はあっても、私たちはそれを語り続ける。そして語り合う中で、私たちはすでに健康をはぐくむ社会の絆を作っていっているのだ。一つの健康は私たちに、自分たちは何者で、何になりたいのかについて、そしてどう「管理」したらいいかよくわからないそこらじゅうのウンコについて、議論をする場を与えてくれている。

健康は、世界的に見ると文化によって表わされ方は多少違っても、普遍的に（不完全にせよ）理解され望まれる、何より大事な目標であり続ける。だが、この健康という理想がいつも私たちから抜け落ちているように思われるのは、なぜか？　誰がどこでとか、糞問題と地域の飢餓とか、赤ん坊か老人かとか、気候変動かやりがいのある仕事かというような細かい問題に引き戻されてしまうのだろうか？

旧来の技術的・科学的な知は、目的にどう達するかは関係ないと私たちに思わせるかもしれない。問題なのは分析と技術的な処置だけだと。それでも私たちはたいがい、この考えがうまくいかないことを知っているのだ。

私たちは人に、タバコを吸うな、食生活を改善しろ、運動しろ、飼い犬に予防接種を受けさせろ、イヌやニワトリを放し飼いにするな、糞をところ構わず捨てるな、などくどくど言うことがあるが、言われたほうは自分が何をしているのかちゃんと知っていながら、頑として行動を変えようとしない。これは彼らが馬鹿だからではない。人間は時間と注意力をあちこちに取られ、世界は原因と結果が一直線につながった工場や時計のように機能しているわけではないからだ。世界には相互作用があふれかえっており、その世界について私たちが想像できる生態系や社会－生態学的システムはすべて単純化されたものだ。単純化されたものから私たちは学ぶことができるが、それでもやはり不完全なのだ。

正当と認められる行動は、他者と関わり、情報を共有し、考え方を変え、宇宙の驚異の前に謙虚になることだけだ。

どのように行動するかは、どこに目標を設定するかと同じくらい重要だ。一つの健康を目標に、複雑性を理論的基礎に、ポスト通常科学を科学と行動をつなげる指針にすることで、この驚きに満ち、時に腹立たしいほど意地悪な惑星に住むことを話していくことができる。やっかいな健康の問題に対するこのような枠組みの作り方・取り組み方は、よくエコヘルス（ecohealth　健康(ヘルス)への生態系(エコシステム)アプローチの略）と呼ばれ、私たちを家畜小屋の隣に積み上げた糞の山から、社会－生態学的システムのつながりへ、科学を行なう新しい方法へと導いてきた。今こそ解決法について考えるときだと、私は思う。

＊1――この章と次の章で述べる一般理論と実践については、*The Ecosystem Approach: Complexity, uncertainty, and managing for sustainability* (New York: Columbia University Press, 2008); *Ecosystem Sustainablity*

and Health: A practical approach (Cambridge: Cambridge University Press, 2004); ***Ecohealth: A primer*** (Victoria: Veterinarians without Borders/Veterinaires sans Frontieres-Canada, 2011. https://www.vetswithoutborders.ca/get-involved/resources より無料でダウンロードできる）でより詳しく検討されている。

＊2——私が話しているような類いの限界のある科学的探求を表現するうまい言葉がない。還元主義的、直線的、工業的はどれも使われている。この種の科学はしばしば「他のすべて」が同じであるか、管理されていることを前提とする室内実験を連想させる。この立場では、科学は複数の専門分野で構成され、そのそれぞれに違った証拠法則があり、「全体」は、何らかの過度に単純化された形で、部分の総和と捉えられる。私は自分がトーマス・クーンが「通常科学」と呼ぶものについて話しているのではないかと思い、便宜上この言葉を使うことにする。私はこの種の科学を否定しているわけではない。ある種の疑問に答える上で（病院で薬の効果を測定するとか、化学物質の危険性を評価するとか）、それは非常に優れているが、私が本書で言おうとしているような疑問に答えるのは苦手なのだ。

＊3——これに対してよく挙げられる例が、インターネットの誕生だ。インターネットは、それまで知られていた通信技術と人間の行動だけを元に、その登場を予測することはできなかった。

＊4——ジェイムズ・ケイはこれをＳＯＨＯと呼んだ。ホラーキーおよびホラーキー的についてはあとで詳述する。

＊5——エクセルギーという用語を一部のシステム工学者は「有用なエネルギー」の意味で使う。エネルギーは生成することも消滅することもないが、ある形のエネルギー（肉）が、別のもの（ウンコ）より我々にとって有用に思える。エクセルギー（有効エネルギー）は、したがって本来の性質としてのエネルギー（物理学者が測定するようなもの）と背景（そのエネルギーをどう利用したいか）の両方を考慮する。実際、ウンコにはまだ大きなエネルギーがあり、その使い方を変えれば（背景）、捨ててしまわずにそのエネルギーを利用できる。

第九章　糞を知る——その先にあるもの

もっとも感じがたいのは、糞に目的がないということだと私は思う。これは私たちが「絶望」と呼ぶ感情の核心にあるものだ。絶望は実存的な感情である。意味のシステムが打ち砕かれ、新しいものを構築しなければならないとき、それは起きる。しかし我々の文化はこの過程に価値をおかない。私たちは糞に価値を見出さない。私たちはそれを流し去ってしまいたい。自信と意味が剝ぎ取られることに甘んじるには勇気が要る。絶望は聖なるものへの、闇を避けていては訪れることのない輝きへの有力な道となりうる。

——精神療法士ミリアム・グリーンスパン、精神療法士バーバラ・プラテックによるインタビューにて

真昼にもかかわらず、日蝕のように空は暗くなり、鳥の列が膨らむにつれて、糞が雪のように降ってきた。三日三晩というもの、巨大な群れが時速九五キロ（六〇マイル）の速さで、縮小す

ることも途切れることもなく頭上を飛び過ぎていった。ついには空気そのものにハトの匂いがし、糞で地面は真っ白になった……。オーデュボンの計算では、一八一三年の秋に遭遇した群れには二五〇億羽という想像を絶する数の鳥がいた。

――ティム・フラナリー、ジョン・ジェームズ・オーデュボンの著作に登場するリョコウバトについて

世の中には、あってはならないあらゆる場所にウンコが多すぎると言う者もいるだろう。それでも、この排泄物すべてに不思議な美しさや、ある種の感動を見る瞬間――糞虫が働いているところを見たり、何百万というバラ色の胸の鳥から糞のシャワーを浴びせられたり――もある。

ウンコは恐ろしくもあり畏れるべきものでもあるが、それには目的もあり、その美は目的の中にある。精神療法士のグリーンスパンとプラテックが語っているウンコは、私が本書で語ってきたのと同じものではなく、また、悟りへの道は排泄物を理解することで開けるなどと言い出している私は、調子に乗っているのかもしれない。しかしエジプト人には、ネコからタマネギまであらゆるものを神格化するという癖があったらしいこと以外にも、スカラベを神格化する理由があった。スカラベは（タマネギやネコのように！）特別なのだ。糞虫は、私たちがなくしてしまったもの、そして長寿と繁栄を望むなら

取り戻さなければならないもののことを私たちに語りかける。排泄物についての認識を「処理」すべき「廃棄物」から地球上の生命に必要なものへと、生態学的・進化論的に改めることによって、私たちはウンコを生物圏の正しい場所に戻すことができ、そうすることで自分たち自身の癒しと意味を共に見出すことができる。

アルバート・アインシュタインは、問題を作り出したときに使ったのと同じような考え方では、問題を解決することができないと言ったとされる。これは多くの公衆衛生担当者、政治活動家、環境保護主義者にとって一種の魔法の呪文となっている。それでも私たち人類は、大問題――9・11、メキシコ湾での大規模な石油流出、生物多様性の喪失、不都合な場所にある多すぎるウンコ、肥満、飢餓――に取り組もうとするたびに、問題を作り出したのとまさに同じ考え方に戻るのだ。工業技術がウンコが多すぎるという問題を作り出したから、工業技術が我々を救うと考えるわけだ。新しい技術は重要なものではあるが、それが使われる背景と、対処することを意図された課題相応によいもの（倫理的な意味と効果という意味の両方で）でしかない。あえて言うが、技術を開発するのは簡単だ。技術者にカネをやれば、何かしら考え出してくれるだろう。そもそも新技術の創造は、私たちが抱えている問題ではないのだ。

技術の基礎である科学は、一部の自然科学者や生物医学者が「ハードサイエンス」と呼ぶもので、しばしばこれだけが「本当の」科学と考えられている。このため、自然科学者・生物医学者は外の世界に向かって排泄物のような問題に対処するために何をすべきかを説教して、恥をかくことになる。知性のある人ならほとんど誰もが、そのような説教が変化を促すために一番役に立たないことを、十分な根拠にもとづいて知ってるからだ。こうした「ハード」な科学者の言うことは、たわ言にしか聞こえない。人間がなぜ、いかにして変化するか、彼らは明らかにまったく理解していないからだ。彼らは、すべてが無知や文化的惰性、「政治的意志の欠如」によるものだと考えている。皮肉なことに彼らは、私たちが理解しようとしているシステム内部の、ランダム変異とランダム選択によって我々人類が進化したのではないとでも言うように振る舞っている。まるで私たちが——少なくとも彼らが——客観的な外部の観察者であるように振る舞うのだ。このようにひたすらハードサイエンス、疑似客観的手法を採った結果、人文科学——人間が今のように行動する理由を理解すること、知識・歴史・人類学・倫理を成り立たせているものについての理解——に関わるあらゆるものが軽視されるようになった。これはよく「ソフトサイエンス」と呼ばれている。持続可能な社会を作り出すために技術をどう使うかは「ソフト」だとみなされているのだ。持続可能な地球の物語を共に紡ぐ仕事の呼び名としては、地理学者のバリー・スミットが提唱する「本当に難しい科学」のほうが私の好みだ。

一つには、このような人文科学への敬意が欠けているため、また一つには過去のグローバルな物語（キリスト教、イスラム教、国家共産主義）がしばしば破滅的な悪影響をもたらしたために、私たちがみずからに言い聞かせてきた物語は、もっぱらイデオロギー的に「中立」に見える技術と進歩の物語だった。目的達成のために科学を使っているという理由で、私たちは、これが思想や信仰ではないと間違って信じ込んでしまった。しかし過去一世紀にこれが我々をどこへ連れて行ったかといえば、物語が個別の問題のまわりに組み立てられるか、視野の狭い学問分野の上に作りあげられるところだ。私たちは、問題を一つひとつ解決していけば最後には全部なくなるという幻想を抱いて生きてきた。排泄物にまつわる問題に特に目を向ければ、国際開発に関する文献には、便所が食物の貯蔵に使われていたとか、まったく使われていなかったなどという話がいっぱいだ。肝心な社会と生態系の関係が無視されていたからである。

私の同僚の一人、アンドレス・サンチェスの話がその典型だ。

エンジニア兼人類学者のサンチェスは、一九九三年から九四年にかけて、当時メキシコにできたばかりの特別生物圏保護区、シエラ・サンタ・マルタを訪れた。そこには一〇〇〇を超える植物種が自生し、四〇〇種の鳥類と一〇〇〇を超える他の動物種が棲息し、そのうち一五〇種以上が絶滅危惧種に指定されていた。また、六万人を超える先住民のナワ族とソケ・ポポルカ族も暮らしており、都市と「南ベラクルス石油化学工業地帯」の主要な水源でもあった。

サンチェスはどちらかといえば伝統的な西欧的手法を用いて開発調査に着手し、人とその糞便との関係の深い理解を基本に、下痢に関係する人間の行動と予防策にはどのようなものが考えられるかを探ったという。この地域では下痢が年々増加しており、一九九四年にはコレラがラテンアメリカ全域で爆発的に流行して、地域住民と自治体の不安が高まっていた。

サンチェスはやがて、この具体的な調査を棚上げして、健康や自然に関するスペイン征服以前の社会的・文化的信条の幅広い探求を優先するようになったが、もともとの糞についての関心も、地域の人々と打ち解けて交流する中で追っていた。

厚生省による状況調査によって、水源（保護されているわき水の貯水池）と配水路は安全だが、家庭内で水が糞便に汚染されていることがわかった。八〇パーセントの世帯で洗い物や調理のための水も衛生設備も屋内になく、持っている家庭にしても水を、サンチェスに言わせれば「糞のお茶」に変えていた。人々は屋外で排便していた。女性は闇にまぎれて、男性はミルパ（トウモロコシ畑）の奥で。ニワトリやイヌやブタは家の内外を自由に歩き回って、主に糞を餌として拾い食いをしており、子どもたち（庭先で排便する）が残したできたてに向かって突進していた。

政府職員によれば、問題は明らかに教育の欠如と劣悪な個人の衛生状態だった。この分析結果を受けて、政府は一見賢明な対応をした。学校や診療所を拠点にした村落の衛生プログラムが実施され、動物を囲いに入れることが奨励された。地域の診療所の医師は衛生設備と病気について講演し、その最後にはセメント一袋を渡して便所の作り方を説明した。女性を講演に誘うために、診療所は出席者全員にトウモロコシ粉一キログラムを無料で配った。ところが文化的にものを造るのは男の仕事とされており、彼らの多くは便所の必要性に無関心だったので、セメントはたいてい使われずに放置された。

地元に、村の水と排泄物と健康の問題に強い関心を持つ、ピラールという女性がいた。イエズス会で教育を受けた保健師で、村の伝承に深い興味を抱いていた彼女の状況分析は、厚生省の役人とはいくらか違っていた。

村の人口は過去二〇年で四倍に増えており、一部の住民は四年前からのコーヒーブームで現金収入を得ていた。丘の森林が伐採されたため、二〇年前から使われている給水設備が、乾期には水量不足に見舞われるようになった。定期的な渇水への対策として、コーヒーを売って比較的裕福になった人たちは、余ったお金で家庭用の貯水タンクと水洗トイレを作った。彼らはたまに水道を流しっぱなしにし、近所の通りをぐちゃぐちゃにして、放し飼いのブタを喜ばせた。

裕福な家庭が出す廃水は、掘り抜き井戸の上流で川に流れ込んだ。村の貧しい人たち（人口の六〇パーセントを構成する）は水を汲むために公共水道の前に並ばなければならなかった。これは女性と少女の仕事で、行列が長いときには、しばしば一日の大半を費やした。中には待っている暇のない人もいた。シングルマザー、病人を抱えた世帯、両親がよそへ働きに出たり死んだりした子どもの世話をしている高齢夫婦の世帯、こうした世帯の女性や少女は、ミルパの仕事と家事の両方を掛け持ちしなければならないことが多い。

そうした女性たちはそのうち、公共水道の長い列を避けて、川沿いの掘り抜き井戸（金持ちの排水口の下流にある）に向かうようになる。この井戸は大雨のときにひんぱんに水をかぶり、汚染されていた。日曜日の礼拝の折り、教会の外でアグア・フレスカ（真水）を売る水売りも、汚染された井戸で水を汲んでいた。

人口の増加により、屋外での排便に使う畑も村から離れたところへと移っていた。男性が「腹下し」になると、畑へ行って用を足し、家に帰って妻に世話をしてもらう。女性にはこんな贅沢は望めなかった。サンチェスは下痢にかかった女性が夫に殴られた話を聞いている。夫が一日中ミルパで働いて帰ってみれば食事の支度ができていなかったり、昼間に茂みの中へ入っていく姿を見られた妻が「愛人と会っているのだろう」と町で噂を立てられたりしたためだ。女性や少女は、人目につかないように、暗くなるのを待って排便する。これも嫌がらせや暴行に遭いやすくなる一因だ。何よりも、暗い中を歩いて排便のために畑へ向かうとき、女性たちは毒ヘビを踏みつけることを恐れる。ヘビは夜になると道路に伸びて、日中地面に吸い込まれた熱を吸収しようとするのだ。

貧しい世帯は、単親家庭や祖父母が世帯主の家庭だったり、家族に長患いの病人がいたりすることが多く、便所を造る人手や時間がない。ピラールは、市長夫妻（妻は市の社会プログラムの長だった）の元を訪れ、社会的公正にもとづいた水の管理を自治体に迫り、貧困層が便所を建てられるような青少年プログラムを援助するようはたらきかけた。

自説を述べたピラールは、民主主義と機会の平等について、市長から一時間におよぶ講釈を聞かされた。市長はそのようなプログラムの援助に消極的だった。彼に言わせれば、それは民主的ではないからだ。すでに誰もが、無料で便器をもらえる機会を平等に与えられている。なぜ今になって一部の人間だけ特別扱いにして援助してやらねばならないのか？

ピラールは家に帰って、戦略を練り直すことにした。彼女は村の中に協力関係を築き始めた。市長の頭越しに、生物圏保護区の管理計画に衛生管理を加えることを非政府組織にはたらきかけた。この管理計画は、州政府が作成、実行しているものだった。また教師の友人知人を当たって、誰でも参加できる栄養と衛生の説明会を計画し、その会場でトイレ建築グループのボランティアを募った。この話題を彼女は地元メディアに載せ続けた。

再び市長夫妻を訪問したとき、ピラールはトイレ建築事業を支持する関係各方面からの請願を携えていた。彼女は村の集会を計画し、そこで村人から廃水、水不足、水の不平等などについて不満の声を上げられるようにした。ピラールの辛抱強さと洞察によって、村の水道と衛生設備の改善事業が生物圏保護区の管理計画に加えられた。

排泄物に対処するためには、よりよいトイレを与えるだけではだめだということに、ピラールは気づいていた。そのためには進化する背景の中での相互関係を取り扱うことが必要だった。増える人口、村で利用できる安全な水を溜め込む一部の新富裕層、ヘビ、共同体の暴力、貧困、不平等、川の糞便汚染の増加――このすべてが文化とジェンダー関係の大きな惰性によって複雑にされていたのだ。

このメキシコの共同体での話は、世界中の共同体でくり返されていると、サンチェスは私に説明してくれた。排泄物と水管理は構造的な問題で、富、権力、ジェンダー関係の不平等と固く結びついている。社会的、生態学的背景に取り組まなければ、排泄物のやっかいな問題は一歩も動かないだろう。

私たちはこのような話を、「開発途上」国の貧しい共同体と結びつけて考えがちだ。だが、先進工業国におけるウンコ関連問題の解決も、同様に、ほとんどが慎重に選ばれた偏った根拠にもとづく物語の一部なのだ。私たちの生活の中で排泄物に対処する方法の枠組みとなる物語とは、例えばどのようなものだろうか？

　私たちが生きるよりどころとする物語には、良きブルジョワ式に、自分の家庭を世界の中心と考えるという限界を持つものもいくらかある。これは一九五〇年代の「家族の価値」という物語の一種で、そこでは自分の家だけが清潔であることと、自分の子どもだけが健康であることが大切だとされる。これは水洗トイレや水道の完備、ある種の行儀作法を守らせることで達成できる。私たちが水を節約したいと思ったら、私が一〇年以上前に義理の姉の家のトイレで初めて見た標語を使えばいい。黄色は溜めろ、茶色は流せ。

　私たちの物語のテーマが、隣人の物語が自分のところに侵入してくること——例えば近隣の大規模養豚場からの悪臭、台所の窓から見える汚水溜め——であれば、ウンコの匂いや量を変えるような何らかの食品添加物や給餌法を提案すればいい。あるいはどこかへ引っ越すこともできる。

　自分自身に語る物語では、ブラジルの土壌劣化を遅らせ、ヨーロッパや北アメリカで水の糞便汚染を減らしたいと思うかもしれない。選択の余地と余裕があるなら、地元の、できれば有機栽培の、できれば小規模な混合農家が作ったものを食べるのがいい。肉を食べる量を減らすのもいい。マイケル・ポーランは的確なアドバイスをしている。「本物の食べ物を食べよう。主に植物を。多すぎない程度に」。ペットの数を減らしてもいい。

　ここまでの話は主に自分たちにとって何がいいかということで、私たちがすみかとする地球にとって何がいいだろうかという話はあまりなかった。

私たちの物語の全部が、まるっきり利己的というわけではない。食料品店で肉を安く買いたければ、一般に値段が安いことは誰にとっても、特に貧しい人たちにとってはいいことだと、私たちは話を広げもするだろう。技術の進歩と富の創造が解答だと言うかもしれない。それどころか私たちは、あってはならない場所にあまりに多くのウンコがあるとは、思っていないかもしれない。地球上のすべての人の鍋に鶏肉が、中華鍋に豚の角煮が、焼き網にステーキがあるようにするためなら、今あるウンコの量は適正、もしかするとまだ足りないと私たちは思っているのかもしれない。世界のあるところで土壌劣化が、またあるところでは水質汚染が起きていることも、世界に十分な食料を供給する上で必要なタンパク質を得るためのコストに過ぎない。これは社会正義の問題なのだ、とまで私たちは言うかもしれない。誰にでも動物性タンパク質を毎日摂る権利があるのだと。

大規模な農場から出てくるウンコが問題になるとすれば、それにはまあ、技術的な解決がある。バイオダイジェスターを使った発電だ。簡単に言うと、バイオガスは嫌気性消化装置つまりバイオダイジェスターと呼ばれる装置が生み出すものの一つだ。バイオダイジェスターに有機物（畜糞、動物性や植物性の廃棄物など）を入れると、酸の生成と嫌気性バクテリアを含む処理過程を経て、バイオガス（主に強力な温室効果ガスであるメタン）と泥状液が生成される。ガスは熱源として直接燃やすか、特に大規模な商業用システムではより一般的なのだが、発電に使う。泥状液は堆肥化するか、その他の処理をしてから肥料として用いられている。水が分離されて飲用以外の用途、例えば家畜小屋の洗浄に使われることもある。バイオダイジェスターについてはあとで詳しく述べたいと思う。

もし私たちの物語に、大都市の住民が自分の食物を育てるための労働から解放されて、美術や音楽を、自動車やコンピューターを創造するために時間を使えるようにしたいというものがあるなら、規模の経済が「世界を食べさせる」という人たちと、利害が共通することになるだろう。

私たちが関心を持っている物語が、多様で復元力（レジリエンス）がある、持続的で健康な世界について、いくつもの未来の可能性を予想でき、それらに適応できる世界について語っているなら、私にとって興味のある物語へと戻ってきた。この物語では、何もかもが——平等も、すべての人に十分な食料を与えることも、食料がどのようにして生産され誰がどのように分配するかも、排泄物の行方も、芸術も、生態学的復元力も、やりがいのある仕事も——すべて同時に重視される。不確実なことでいっぱいなこの世界では、生態学的・社会的多様性が重要だ。突然何かが変わっても、衝撃をやわらげてくれるからだ。それは復元力を与えてくれるのだ。[*1]

しかし我々は、大農場経営者が説く空想的な極論まではいかなくても、規模の経済も利用したい。何といってもこのような経済は、私たちを自由にし、踊ったり、詩を書いたり、芸術作品を作ったり、歌ったりする時間を増やしてくれることもあるからだ。私たちが望む世界は、地域と全世界、過去と未来、変化と記憶、多様性と共通性の間の緊張と議論が実在し、今も継続し、終わることがなく、地球を故郷とする意識に深く根を下ろしている世界だ。このような世界を手に入れるために、ウンコを知らねばならない。

前の章で私は、排泄物やその他あらゆるもののやっかいな問題について考え、対応する新しい方法の基礎を提案した。世界の複合的理解に根ざした強固なポスト通常科学が、健康な世界へと進む道案内となることを、私は示唆した。また、排泄物問題の万能な解決方法はありそうにない——解決法は地域の生態学と文化によって決まり、それが埋め込まれた物語によって正当化される——ことを示した。

ひと回りして、このユートピア的な未来像に近づくために利用できる技術を見直す前に、そのような物語をどのように引き出すかを詳しく見ておいたほうがいいだろう。私たちが巻き込まれている混乱は、おおむね世界的な技術革新の物語のとりことなった結果であるから、アンドレス・サンチェスが話してくれたメキシコの物語のような、疎外され、いっそう複雑にされた物語が起こす反乱を、私は特に追求したいと思っている。

幸い、多くの人が過去数十年この難問に取り組んでおり、一種の収斂進化によって、彼らが提案する解決法のほとんどはよく似た性質を持っている。エコヘルス的手法は、あとで触れるように、さまざまな名前で呼ばれ、形や規模もいろいろで、学者や、公衆衛生問題、環境管理、保全生物学、経済的・社会的変動、生態学的復元力に取り組む実務者により「発明」されてきた。

ここで述べるのは、私が個人的に関わってきた仕事から明らかになったものだ。やっかいな排泄物の泥沼から抜け出すことのできる道すじを示してしまってから、これまでに数多く考案された役に立つ技術のいくつかについて、もう一度詳しく見てみることにしよう。

これを行なうための枠組み（パラダイム）はない。私たちの問いが、私がウンコと持続可能性について発している問いのように、根本的にやっかいなほど複雑なとき、当然のこととしてパラダイムは存在しない。パラダイムは、厳密な制約のある科学（物理学、化学、コミュニケーション学、心理学など）には重要である。私たちが検討しようとしているような問いに対して、私たちは多様な知る方法、知識と視点の形を受け入れたいと思っている。微生物学者から、エネルギー技術者から、経済学者、衛生技術者、農学者、保健師、医師、獣医師、社会学者、社会活動家、年輩の女性、子ども、若い男性、イスラム教徒、無神論者、カトリック教徒、不安を持つ一般の人々、先住民、パナーキー・モデルの支持者、ダンサー、画家、詩人、小説家、政治指導者から。ウンコのやっかいな問題を解決するために必要な専門知識は、集団的なものだ。誰も正解を持ってはいないのだ。

この集団的な作業にあたって、前進しながら共同でルールを作り、私たちが探求し変化させている世界に照らして、そのルールを検証し続ける必要がある。これは、専門家が一般人に講義するのと正反対だ。独善的な企業家や環境保護活動家の説教は、我々を取り巻く混乱を作り出したのと同じような考えを再現している。

こういうことは可能だろうか？

この二〇年間の大部分を、私は国際的なエコヘルス研究者と実務者集団の一員として活動している。私たちは、どうすれば世界が人間にとって、またこのすばらしい惑星を絶えず共に作りあげているすべての動物たちにとっても、もっと公正で健康で幸福な場所になるかを解き明かそうとしている。つまりそれは、私が世界を見るためのレンズなのだ。私はあらゆるものごと——ニワトリが何羽いるか、牛乳がどれだけあるか、どのくらいの量のウンコを私たちが産出するか、車が何台あるか、オペラや小説や絵画がどれだけあるか――を、そのバラ色のレンズ越しに見るのだ。

一〇年前、私は同僚のジェイムズ・ケイと緊密に協力して研究を行なっていた。ケイはシステムデザイン工学者で、環境の持続可能な管理に関心を持っていた。ケイと学生たちは、のちに「ダイアモンド・ダイアグラム」として知られるものを創りだした。彼らの研究の根本思想は、私たちには複雑な自然現象を最大限に理解することが必要であり、そのためには我々の夢と希望を結集して、その両方を受け入れるシナリオにたどりつく必要があるということだ。そうして初めて私たちは、何をする必要があるかを知り、そうするための計画を立て、ものごとが望んだ方向に進んでいるかどうか追跡する方法を見つけだすことができるのだ。

ケイと学生たちと同僚たちが研究を行なっていたのとほぼ同じ頃、私は友人や同僚とケニア、イタリア、ネパール、ペルー、コロンビア、カナダ、アメリカで、ケイがやる必要があると言ったようなことを行なうための工程を作っていた。今日、カナダ、ラテンアメリカ、アフリカ、アジアにはエコヘルスのネットワークと実践コミュニティがある。このコミュニティには、生態学者、エンジニア、医師、獣医師、コミュニケーション・スペシャリストから農民、住民活動家まで、あらゆる種類の実務者と学者がいる。世界的に、国際生態学保健協会はこうした人たちの多くをまとめてきた。私たちの集会は混沌とし、多彩な要素を含み、刺激的で、もどかしく、励みになるものだ。

異なる視点を受け入れるのはなかなか容易ではない。私自身がそうであるように、「正しい」ことに慣れた科学者にとっては特にそうだ。ある体験から私はこのことを痛感した。二〇一〇年一〇月、私はある研究会に参加した。貧困の緩和に役立つ生態系サービス、特に生物多様性とアマゾンおよびユンガス地方（アンデス山地の東斜面）に住む先住民の健康との関係を探求するもので、医師、人類学者、疫学者、獣医師、教師、生態学者、動植物学者らが参加していた。先住民のリーダー、アルゼンチン人、カナダ人、ブラジル人、イギリス人、ペルー人、コロンビア人がいた。一週間、私たちは議論し、絵を描き、地図を示し、怒鳴りあい、泣いて、笑って、酔っぱらい、リストと組織図を作り、会議場に戻り、スカイプでソーシャルネットワークに問い合わせ、研究計画を作成した。私たちが作りあげていたのは、共通の未来像——一つの健康、世界的な連帯、相互の尊重、織り混ざった物語の糸の発見——という不安定な感覚だった。この真っ最中に先住民リーダーの一人が、敵、つまり重要な問題をめぐって根本的に意見が食い違う人間を扱う伝統的な方法は、そいつを殺すことだと言った。彼女は私たちを殺したかったのだ。私たちの議論がこの反応を引き出したことと、彼女が私たちを殺さなかったことで、私は自信を取り戻した。それは我々が重要な問題を扱っているということであり、私たちが会議の場に出した視点には実際に相当な違いがあったということであり、違いを解消できないにせよ、少なくともそれを理由に私たちが殺し合いはしないという希望があるからだった。

健康への生態系アプローチの公式化の一つ、私がもっとも深く関わっているものが、生態系の持続可能性と健康のための適応的方法論（ＡＭＥＳＨ）というものだ。単純化して言えば、一連の識別可能な「段階」ということになるが、その段階は通常、それについてのプレゼンテーションで私が言うほどすっきりしてはおらず、時には堂々巡りに陥って同じ段階を何度か繰り返したり、最後まで飛んでから前の段階に戻って、また進んだりすることもある。

1. まず最初に、提示された「不満」つまり問題あるいは問題となる状況がある。なぜ私たちはここにいるのか？　誰が招いたのか？　我々の知るかぎりで、この状況がどのようにして現われたのか（広く公式に受け入れられる集合的歴史なのか）？
2. この状況の当事者――しばしば利害関係者（ステークホルダー）と呼ばれる――は誰か？　その人たちは何を心配しているのか？　その行動と決定を支配する規則（公式なものであれ非公式であれ）はどのようなものか？　その規則は何にもとづいているのか？　ジェンダーか？　人種か？　貧富か？　カーストか？　階級か？　先住民としての立場か？　異なる集団の間に協調や対立はあるか？　人間以外の種はこの中のどこに当てはまるか？
3. その状況がどのようにして起きたか、またその中で自分たちが果たす役割について、当事者が語る歴史や物語はどのようなものか？
4. どのようにしてこの複雑な状況を、体系的・科学的にもっともよく理解できるのか？
5. どのようにして取り組むべき社会的文化的問題をもっともよく理解できるのか？
6. 4と5はどのように関連するか？　どのように互いに「利用」しあい、また互いを制約するのか？

7. 人々がもっとも関わりあいを持つシナリオ、将来像、物語は何か？　人々が一致しているものは何か？　合意を得られそうにないものは何か？　さまざまな行動がこうした付随的な問題にどう影響するか？　ジェンダー、年齢、人種、経済状況などに反映された力関係の公平性の問題が、こうした物語にどう影響するか？　ここは私がみんなにこのように言う段階でもある。アメリカン・ドリームなどというけれど、人間はなりたいものに何でもなれるわけじゃない。私たちがその一部をなす自然のシステムがそうであるように、誰にも限界というものがある。ならば現実的に見て、私たちは全体として、何をしたいのだろうか？　孫に自分たちについてどんな物語を語って欲しいのか？

8. どのような統治体制と行動方針が、こうした将来像の実現に向けて踏み出し、合意した目標へと進むことを可能にするのか？　どのような観察システムがあれば、目標が達成されているかどうか判断できるのだろうか？

9. 実行、観察、調整、学習、再出発。

AMESHは数カ国での事業や研究から生まれたものだが、ネパールでの私の体験は特に有益だった。一九九一年に私は、イヌのウンコに由来するヒトの下痢（包虫症とか単包性エキノコックス症と呼ばれる）について調査するためネパールに行った。[*2] エキノコックス条虫は、世界中のイヌ科動物（イヌ、オオカミ、コヨーテ、キツネ）の腸内で有性生殖を行なう。卵を持った条虫は排出されるが、他の種に食べられて初めてサイクルが完結する。他の種、通常はある種の反芻動物（ヒツジ、ウシ、スイギュウ、ヘラジカ）の体内で、条虫はシストを形成する。それは条虫の「前段階」が詰まった、ゆっくりと成長する腫瘍のようなものだ。第二の動物が死に、イヌ科動物がシストを食べると、条虫はイヌ科動物の腸内で成熟して交尾し、ライフサイクルが完結する。世界各地で、ヒツジとイヌが共に家畜化され、いずれもかなり大事にされていることにつけ込むように、このライフサイクルが進化した。間違って人間がイヌのうんちを食べてしまうことで、この条虫のシスト——くり返すが条虫の子どもがいっぱい詰まったゆっくり成長する腫瘍——を取り込む。ヒツジを飼い、暖を取るために牧羊犬と一緒に眠る習慣は、数千年にわたりこの寄生のサイクルをつないできた。このライフサイクルの北米版には、ヒツジとイヌの他にヘラジカとイヌ、あるいはオオカミとカリブー、あるいはキツネとハタネズミが関わっている。

ネパールには、シストはチベット高原からヤギとヒツジと共に、ネパール南部とインド北部の暑い平原からスイギュウと共に入ってきていた。ネパール人の同僚に、この寄生虫と、その抑制の仕方についての調査を手伝ってくれと頼まれて、私が関わるようになった当時、ヤギやスイギュウはカトマンズのビシュヌマティ河畔の広場で解体されていた。

当初、私はこれを割合単純な問題だと思った。人々がイヌのうんちにさらされているということだと。どうすればそれを止められるのか？　私は一九九〇年代いっぱいネパール人の同僚と共に調査し、この問題には少なくとも、経済の主力である観光業への食肉の供給、その供給量を維持するための動物の輸入、そうした動物の川沿いの広場での解体、有機廃棄物の路上への放置（処理費用の節約と、野良犬に栄養をつける意味もある）、イヌの群れが自由に走り回るのを許容し、助長すらしている（夜中に地域の番犬としての役割を果たすため）こと、ペットのイヌを溺愛し家の中で排便するのを許していることなどが関係していることを知った。

基礎研究と公開講演で包虫症の問題を「解決」しようという取り組みを数年間続けたものの、うまくいかなかったため、私たちは考え方とやり方を変えることにした。イヌの排泄物という単純な問題にとどまらず、「すべてを一度に」というもっとやっかいな課題に取り組むため、私たちは肉屋、屠場労働者、道路清掃人、ゴミ収集人、地方政治家、商店主、社会活動家、研究者（獣医師、寄生虫学者、人類学者）と協力して働いた。その後ほどなくして、コミュニティはすっかり改革された。食肉組合の首脳部が変わった。屋内解体施設が造られた。スイギュウの繋留場は市外の野原に移された。解体された動物のくず肉と糞の堆肥化が始まった。川岸は公園と草地で安定化された。公衆トイレが造られた。よりよいゴミ収集方法に目が向けられた（これは長期的に見て、若い母親がゴミを集めている間、子どもたちを保育園や学校に預けられるようにする必要があるかもしれない）。排泄物による環境汚染と寄生虫感染の問題への対処は、それらを個別の問題として見ないことだった。ウンコは、ダグラス・アダムスなら「生命、宇宙、そして万物」と呼んだであろうものに深く埋め込まれているのだ。

このネパールでのコミュニティ・レベルの改革は、ベルリンの壁が崩壊しなかったら起きなかっただろうとも私には思える。このような変化をもたらした活動はすべて、一九九〇年代の世界的な民主化運動の一環だからだ。複雑系理論家ジョン・キャスティは、これを「社会的なムード」と呼び、世界の出来事がどのように展開するかに決定的な重要性を持つと主張した。

こうした活動と出来事はすべて、ホロノクラシー的、パナーキー的世界観になじむ。そこではある階層での行動（個人、家庭、コミュニティ、流域、地方）が、もっと大きな、あるいは小さな階層での行動に影響し、また影響される。同じように私にとって印象深いのは、私たちが共に働いたコミュニティが新しい事業を担い続け、政情不安と内戦の一〇年間にも新しい課題に適応し、対処してきたことだ。できることがこんなにいろいろとあるとわかると、大いに熱意とエネルギーが湧いた。誰もが役割を持っていた（そして今も持っている）。地域社会がこのような復元力を持つことには希望がある。地域の復元力は、大きな階層が――この場合は中央政府が――破綻しても生き残り、大きなシステムを再生しようとする人々にとって、復興と創造力の源となるからだ。

工業的で、グローバルな大規模畜産システムが（あらゆる中央集権化された経済と政治体制のように）崩壊したとき、小規模で総合的で多様な動物と糞の管理システムがすでにできあがっていれば、再生は可能だ。

このカトマンズの物語は完全ではなく、例外的な出来事でもない。それはウンコ、生命、すべてのものについての新しい考え方を象徴し、新しい考えがすべてそうであるように独創的で、刺激的で、地方政治に左右され、大規模な出来事（気候変動、世界的流行、人口爆発、都市への人口移動）に押しつぶされやすい。それでも、どのような階層での試みであれ、ＡＭＥＳＨ式の思考を当てはめて、パナーキーとホロノクラシーを精神的指針とすれば、全世界の、また地域のウンコ問題の解決に私たちは乗り出すことができる。

このような指針を使って私が取り組んだあらゆる状況では、多種多様な知識が尊重され、解答が誰か外部の専門家に押しつけられるのではなく共同で導き出されることがわかると、人々は活気づいた。

すでに述べたように、技術は大事なものだ。それでもウンコのやっかいな問題に対して多くの技術的対策を含めるのは、二つの理由から躊躇した。第一に、学究として数十年を過ごして、ほとんどの応用研究は資金が動かしているということを私はよく知っているからだ。もし資金が使えるようになれば、ある問題に対して見込みのある技術的解答はすぐに出てくる。第二に、排泄物への新しい世界的な認識、主に公衆衛生問題としての認識が、そのような研究を動かす資金を引き出してきたからだ。

例えば、二〇一一年に始まったビル&メリンダ・ゲイツ財団の「トイレ再発明への挑戦」からは、一年とたたずに肥料、電気、きれいな水を作り出すトイレの試作品が生まれた。だが、数十年にわたる「ソフト」サイエンスから得られた根拠にもとづく私の予想通り、いかにして、あるいはいつ、そのような技術が採用されるのかは定かでない。それは、一部の単純な開発「専門家」が考えていたような、単なる技術の「移転」の問題ではない。人々と共に、暮らしの場で働き、その技術が意味を持つ物語を共に創造することなのだ。これは難しい科学だ。そう言った以上、現在利用できる技術のいくつかを検討くらいはしなければ、私は怠慢と言われてもしかたがないだろう。その中にはきわめて単純で昔からよく知られているものもある。またごく最近のものもある。

人糞にしろ畜糞にしろ、おそらくもっとも広く受け入れられている用途は肥料だろう。またそれは自然の生態学的循環を模倣したものに、もっとも近いと考えられる。それどころか、排泄物が効果の高い肥料として扱われないときにこそ、私たちは飲料水の窒素汚染や、海で有毒な赤潮が発生するような大きな問題にぶつかるのだ。糞のこのような側面はすでに詳しく検討したが、ウンコの肥料は過去のものではないことは、ここで強調する価値があるだろう。排泄物は、エネルギー源としての用途（これについてはあとで検討する）に加えて、将来も肥料として重要な役割を果たし続けそうだ。いずれの用途も化石燃料の高騰と、有機農産物の人気に後押しされている。

一九世紀ほどには重く見られていないものの、グアノはかつての「栄光」を今も保っている。一部の報道によれば、ペルー沖の島でグアノを採取するケチュア族の労働者は、故郷の高地で得られる収入の三倍を稼いでいるという。グアノは有機農業を維持するためにペルー本土に送られる。種の保全に新たな境地を開く先駆けとなりうる動きとして、ペルー政府は二〇カ所を超える島に武装した警備兵を駐留させ、グアノを生産するペルーカツオドリとグアナイムナジロヒメウを脅かす者を近づけないようにした。人間の侵入をできるだけ小さくするため、この島々から交代で採掘が行なわれる。また政府は島の周囲の海域で漁業を規制し、グアノを産出する魚食性の鳥の数を維持しようとしている。

私たちが畜産農業を真剣に論じるようになる（それを生態学的操作であると正しく理解して）につれて、また、「ピークオイル」の先の長く非情な坂を転げ落ち、原油価格の上昇により石油ベースの化学肥料に手が届かなくなれば、有益な資源としての糞の復活に拍車がかかるだろう。この傾向がすでに起きている兆候はある。

糞便を扱う上でのもっとも古い技術は堆肥化だ。堆肥化は、自然では分解と呼ばれるものの特殊な形だ。自然のシステムでは、有機物は分解されて腐植土になる。すべての有機物は通常の微生物活動で分解されるが、管理された堆肥化は、糞や死んだ動物を地面に掘った穴に放り込んで腐るのを待つだけとはかなり違っている。

生態系の健全性を扱った獣医学生向けの課程の一環として、私たちは学生に、鳥インフルエンザが流行している最中に、死んだニワトリをどうしたらいいかを考えさせた。トラックに積み込んで、血とウイルスを道中に垂らしながら埋め立て地まで持っていくのはうまくない。それでは中小規模の農家はどうすべきだろう？　死んだニワトリを薪の上に載せ、上からわらをかぶせ、燃料をかけて火をつけるように私たちは学生に言った。次に別のニワトリの死骸を穴に放り込み、土をかけさせた。別の穴にはニワトリ、土、わらを層にして、通気チューブを設置した。これが堆肥穴だ。長い棒がついた温度計を二つの穴に差し込んだ。ニワトリを燃やすには大量の薪とわらを要し、恐ろしくも見事な炎が上がって、周囲の人間に危険をおよぼしかねなかった。日照りの時や真夏の暑いさなかにやってみようとは思わないだろう。四八時間後、堆肥化したニワトリはすっかり温まり、土壌昆虫や微生物にたちまち再利用された。土に埋めただけのニワトリは、置いたときとほとんど変わりがなかった。このプロセスを加速するのに必要なバクテリアは酸素と、死骸から得られるよりも多くの炭素を要求するのだ。

炭素、窒素、酸素（適切なバクテリアの繁殖を促す）がちょうどよく混ざり、うまく作られた堆肥の山では、温度が五四～六六℃に達することを研究者は示している。これは鳥インフルエンザウイルスを十分殺せる温度だ。二、三週間後、後に残るのは利用できる土と、たぶん多少の羽と骨だけだ。

車に轢かれて死んだ我が家の飼い猫を堆肥にしたときには、すばらしい土壌と数個の小さな骨になって庭に還り、花や野菜として蘇った。死んだニワトリの代わりに畜糞を使っても、同じプロセスが起きる。糞を敷きわらと混ぜてやれば、ウンコの窒素と木やわらの炭素のバランスがよくなり、さらに効果が上がる。同じプロセスは、犬猫の糞を再利用できるようにするためにも使えるが、堆肥化に不慣れな人が糞をただ埋めるだけにして、その結果周囲の土壌や水にさまざまな寄生虫がしみ出す格好の条件を作ってしまうのではないかと、公衆衛生当局者はやや神経質になっている。堆肥化は土の中に埋めるか、大量に手に入るなら長い畝にしたりコンクリート板の上に積み上げたりして、定期的にひっくり返して空気に触れさせることでできる。

もっと大規模にウンコを利用価値のある製品に戻すことには、特に飼料供給がグローバル化されている状況では、深刻な課題がいくらかある。通常ウンコが生み出されるところは注目されるが、ウンコの原料になった動物の飼料と人間の食料がどこから来たのかは、たいてい無視される。

先進工業国は、バイオソリッドを農地に撒くことを推進してきた。新しい排泄物処理技術により、病原菌の媒介が起こりにくくなったからだ。私が住んでいるカナダのオンタリオ州では、標準的な下水処理で病原菌の約九〇パーセントが取り除かれる。

バイオソリッドの主な問題は、感染症の拡大ではなく、鉛、水銀、カドミウムなどの重金属がしばしば含まれていることだ。それらはかんかん照りの熱い太陽の下でも消えたり効力が弱まったりはしない。新技術と新しい規制ができた結果、現在先進工業国で産出されるバイオソリッドでは、このような金属の濃度は二、三〇年前に比べてたいていきわめて低くなっている。しかし二、三〇年間同じ土地に施し続けた結果、生物濃縮によって危険なレベルに達する恐れもある。このような高レベルの化学元素にどのような影響があるか、まだよくわかっていない。

自然のシステムを模倣するなら、少量の(できれば堆肥化された)糞を広い範囲に撒くことになるだろう。量と位置は気候、土壌型、植生、傾斜といったもので決まる。これは、私たちが「大きいことはいいことだ」というモデルを手放して、背景に見合った排泄物リサイクル・システムを採用し、周囲を取り巻く生態系と社会システムにふさわしいの農地規模を考えるべきだということを示している。

エネルギーと栄養の循環を閉じて復元力のある生態系を作り出すことは、工業的規模で行なうより地域的に行なうほうが簡単だ。バイオダイジェスターと堆肥化を使うと、面白い選択が生まれる。養魚池を混合農業に組み込むのも一案だ。アジア(特に中国)、エジプト、ヨーロッパ各地では、何世紀にもわたって人間や動物の排泄物を主にコイの養魚池に投入しているという記録がある。近年では、農学者が動物の糞を使ってアフリカのティラピア養殖地に肥料を与える実験を行なっている。こうすることで水が富栄養化して、バクテリア、藻類、動物性プランクトンの生育が促され、その結果魚の肉質がよくなる。これも糞を肥料として利用する方法の一種なのだ。

もっと魚を食べるように(心臓病予防のため)人に勧め、同時に水質汚染と世界的な海・湖沼・河川での漁業の衰退を心配する科学者（疫学者）の一員として、私はウンコでいっぱいの水で魚を育てるという発想に惹かれている。糞の窒素やリンは食物連鎖の中にとどまり、魚が水の曝気を助けて、病原菌の繁殖を抑制するからだ。動物の糞を魚の餌にするのは一九七〇年代にもてはやされた、環境に優しい魅力的な農家の話、シナリオの一つだった。都市の要求、我々が生態学的制約から「解放」されたらしいという誤解、鳥インフルエンザのような病気が複数種を飼育する農家の評判を落としたことで、それが一掃されるまでは。

ニワトリがカンピロバクターやサルモネラのような人間の病原体を持っていることが心配なら、堆肥化やその他の方法で排泄物を処理して、魚に与える前に病原体を殺す、池の縁の植物を取り除いて巻貝（人間の内臓に障害を与える住血吸虫症を引き起こす寄生虫を持っていることがある）の発生を抑える、魚を出荷する二、三週間前にきれいな水を流すなどすれば、清潔で健康にいい食物になるだろう。「このクソをどうしよう」リストに載っている他の選択肢と同様に、これも注意深く管理する必要がある。

歴史的にもっともよく知られた畜糞の役割は肥料だが、エネルギーコストの上昇とともに、これが変わってきている。排泄物の燃料としての利用法は、インドやネパールで行なわれている牛の糞を燃やすというだけにもはやとどまらない。都市と工業が発展する上で、エネルギーが唯一最大の制限要素となるだろうことを考えると、エネルギー関連の新しい畜糞利用法の開発がもっとも進んでいるらしいことは驚くまでもない。畜糞からのエネルギー生産に関わる技術革新は、ほとんどがバイオガスの生成に関係したものだ。

バイオガスの生成には、単なる堆肥化よりもう少し進んだ技術が必要だが、特に農場の規模を拡大しようという場合や、人とイヌの密度が高い都会にとっては、利点ももう少し多い。国際開発の分野では、バイオダイジェスターを使ったバイオガスの生産は、化石燃料が不足しており畜糞が過剰なところにおいて長い歴史を持っている。バイオダイジェストの過程は多くの本や開発計画でテーマとされている。双方とも利益を得るというめったにない状況をもたらすからだ。ローズ・ジョージは著書『トイレの話をしよう』の中で、相当なページ数をこの件についての中国の取り組みに割いている。『人民日報』によれば、中国には七四八カ所の大規模および中規模なダイジェスターがあり、年間二〇〇〇万立方メートルの生活排水を処理して二億立方メートルのメタンガスを生産しているという。

バイオダイジェスターは、バクテリアの嫌気性消化によってバイオガスを生産する。稼働のためにもっとも重要なのは温度管理だ。すべてのバクテリアには一番良く成長・増殖し、資源を利用する範囲がある。働くバクテリアが「快適」に感じるように、ある温度帯を選んだら、それをしっかり守る必要がある。例えばリステリア菌は、成長と増殖のために冷蔵庫内の温度を好む。サルモネラ菌は哺乳類の体温に近い温度を好む。多彩な種類のバクテリアと、さまざまな周囲温度を活用するため、好熱性（五〇～六〇℃）、中温性（三五～四〇℃）、好冷性（一五～二五℃）のダイジェスターがある。好熱性ダイジェスターの中で生き残れる性質を持ったバクテリアの群集は、高い温度のもとで早く増殖し、働く。少なくとも少量の原料を三日から五日で処理することができるのだ。ただし、このような高温のダイジェスターで繁殖するバクテリアは、温度とpH値の変動にきわめて敏感でもあるので、この種のダイジェスターは低温で作動するものより慎重な管理を必要とする。

中温性ダイジェスターは好熱性ダイジェスターより時間がかかり（一五日から二〇日）、病原菌を殺す効率もそれほどよくなく、発生するガスも少ない。低温ではバクテリアの活動が非常に遅いため、好冷性ダイジェスターはさらに時間がかかり、有機物を分解する効率が低い。どれを選ぶかは周囲の温度（例えば低緯度の熱帯か、雪山か）、処理する物質（畜糞、動物の死骸、わら、野菜くず）、その量（農家一戸か、村全体か）による。

低温のダイジェスターは病原体を殺す効果が不十分なので、産出された泥状液は人間の食料を栽培する畑に撒けるほど安全ではない可能性がある。つまり低温のダイジェスターから出たものは、まだ病原体を殺すために堆肥化（これはダイジェスターとは違い、好気性バクテリアを利用する）してやる必要があるということだ。いずれにしても、バイオダイジェスターはインドとネパールでほとんどあらゆる規模と立地に合わせて設計され、薪と石炭への依存を減らして呼吸器系の疾患（昔ながらの薪の火で煮炊きをする女性によく発生する）を防ぐ手段として使われている。

ヒューレット・パッカード社で働く技術者は、投入量が十分に大きければ、牛糞のバイオガスで作る電力がコンピューターセンターを動かすのに使えるだろうと言っている。類似のシステムが、メイン州の一八〇〇頭を飼う酪農場とノースカロライナ州の九〇〇〇頭の養豚場に関して伝えられて（そして使われて）いる。ノースカロライナのものは、グーグル社の資金投入で作られ、カーボンオフセットの中告に使われた。農家によれば、このシステムで廃棄物の排出量が減り、ブタの健康状態が向上し、コムギ、トウモロコシ、マメの栽培に使う肥料ができるという。現在、グーグルとアップルはノースカロライナの大規模養豚場で作られる糞便エネルギーの開発で競争していると言われる。

北アメリカでは、バイオダイジェスターはたいてい家畜に関係するものとされるが、世界中どこでも同じではない。不衛生な状況で、家畜よりも人間が混み合っているのが一般的な場所では話が別だ。一日に一〇〇〇人分を受け入れることができる大きな「バイオセンター」が数十カ所、ケニアのナイロビの混雑したスラムに建設されている。こうしたセンターでは熱いシャワーが利用でき、上階に事務所やその他の事業所が置かれていることもある。センターは、シャワーも含め、人間の排泄物を燃料にしている。トイレは人間の屎尿を分解してメタンガスを作り出すバイオダイジェスターの上にあり、このガスは周辺地域の台所に供給される。この方法で、調理用の燃料を公共サービスのないスラムに供給できるだけでなく、「空飛ぶトイレ」——一六世紀ロンドンの廃棄物処理習慣を思わせるような、夜中に通りに投げ出される人間の排泄物が詰まったポリ袋——が要らなくなった。

内戦後のルワンダは、排泄物の独創的な利用法で世界をリードするようになった。刑務所と中等学校から出る排泄物などの有機廃棄物が、これらの施設の周辺地域にとって健康を害する要因になっていることを、研究者と開発機関職員は突き止めた。同時に、刑務所も学校も調理用の薪を必要とするので、森林破壊の原因となっていた。そこで「キガリ工科大学（ＫＩＳＴ）は、大規模なバイオガス設備を開発して刑務所と中等学校に設置した。各刑務所の地下にはバイオガス・ダイジェスターがつなげて並べられた。中では廃棄物が分解されてバイオガスを生み出すわけだ。この処置のあとの廃水は、作物や燃料用木材の肥料として安全に使える。ＫＩＳＴのスタッフは民間の技術者と囚人に実地訓練をほどこし、何とかバイオガス設備を建設することができた。最初の刑務所のバイオガス設備は二〇〇一年に稼働を開始し、二〇一一年には一〇カ所の刑務所でバイオガス設備が稼働していた。一番大きなものには、一二の独立したダイジェスターが並んでいる」。これは私のルワンダ人の同僚が書き送ってくれた話だ。この同僚によれば、多くの家庭が今では規模は小さいが同じようなダイジェスターを設置しているという。

ナイロビの事例は、誰もが満足する理想的な状況に近いが、ルワンダのような所で、刑務所のエネルギーを作るために囚人の廃棄物を使うことには、若干不安がある。ルワンダの人糞バイオダイジェスターは、この国の過密な刑務所の数十カ所で、必要なエネルギーの約半分を生み出している。メリットとして、この「天然ガス」を使えば、すでに裸にされているルワンダの農村部で、燃料のために森林がこれ以上伐採されるのを防ぎ、糞が飲料水の水路に入らないようにするために役立つ。また優れた、臭いのない肥料が刑務所の菜園に供給され、収容者の食料となる。欠点としては、エネルギーを生み出す原料が絶えず必要なので、当局はそれを動かしておくために、犯罪状況にかかわらず刑務所をいっぱいにしておこうとするかもしれないことがある。今のところ、これは問題になっていないようだ。それに刑務所が空になれば、そこではエネルギー源は必要ないだろう。また、教室が生徒でいっぱいかどうかに学校のエネルギーシステムがかかっているというのは、けっこう悪くないんじゃないだろうか。

ルワンダの刑務所のバイオダイジェスターのように、大型のバイオダイジェスター（ヒューレット・パッカードが提案しているような、あるいはノースカロライナの大規模養豚場で実行されているようなもの）を作ることには、ある深刻なジレンマがある。一方でそれは、大規模な畜産農家から大量に発生する畜糞のすばらしい利用法であり、明らかに汚いビジネスが環境に与える影響を減らすのに役立つ。その一方で、一度作ってしまえば、そのような設備は大量の畜糞やその他の有機物の投入を必要とする。するとこの選択は、別の選択の余地を閉ざしてしまう。私たちはエネルギーを大規模な養豚農家に依存したいのだろうか？　そのような農家には、他に環境や社会に与える影響はないのだろうか？

あらゆる入れ子式の社会－生態学的システムでは、「拡大」は往々にして適応力の喪失と、大きな失敗があったときの脆弱性の増加を意味する。政治・経済・気候システムの不安定さが増大する中では特にそうだ。小さなバイオダイジェスターの故障は手に負える問題だ。大きなものが故障すれば、重大な影響がシステム全体に波及しかねない。複数の小規模な農家とダイジェスターを結び合わせた協同システムが、おそらく両者のいい所取りとなるだろう。

世界的にみれば、七世代先の利益にもっともかなうのは、人口の減少と集約的な畜産の縮小（たぶん徹底的な）である。しかし、世界に向けてそのように声明したあとで、一つ付け加えておきたい。私の考えでは北アメリカ人やヨーロッパ人、あるいは世界各地の裕福な人々は肉の消費量とそれに伴うウンコの生産量を減らすべきだけれど、熱帯地域の非常に貧しい人々にはもっと肉を食べる選択があるべきだ。栄養学者によれば、子供たちが食事である程度の動物性タンパク質を摂ると、学校の成績が上がるという。しかしそのために、大規模な集約的畜産業は必要ない。

生態学的、社会的には（つまり、内部にすべての生命が埋めこまれた、複雑で適応力を持つ自己組織的な社会－生態学的システムの正しい理解にもとづけば）、小規模な畜産農家がいくつもあって、それが効率のよい畜糞処理、強固な農村共同体、多様な景観を同時に実現する地域の農業活動にうまく組み込まれている方が、はるかに理にかなっている。

したがってバイオダイジェスターに限らず、すべての技術の影響という問題は、より広い意味で規模の経済への疑問を投げかける。規模の経済を魅力的に見せるようなコスト削減策が必要な農場や産業は、広大な土地を占有しており、遺伝的に近い動物を増やす。つまりそのような事業は、それが置かれている社会と自然景観に、生物多様性と適応力の喪失を引き起こすのだ。

大規模な畜産業が一夜にしてなくなるとか、そもそもなくなるなどと考えるほど、私は単純ではない。大型のバイオダイジェスター設備にも意味のあるものはある。しかし、いくつかの大規模なものと多数の中小規模のものというように、いろいろな大きさがある方が、公衆衛生と生態学的持続可能性の多様なゴールを達成するためには都合がいいと私は思う。世界的に、こうした規模の多様化が起きて、より小規模でペースの速いパナーキーの革新が活発に続いている兆候はいくつも見られる。

歴史的に、すべての都市部が排泄物汚染に対して同じ解決策を考えだしたわけではない。例えばイエメンは、何世紀もかけて、高層建築物であっても尿と大便を分けるような手のこんだシステムを発達させた。尿はトイレから出て溝を通り、建物の外壁へと導かれ、熱く乾燥した気候により蒸発する。一方糞便はトイレから縦坑を通って集められ、日干しにして燃料にされる。この衛生システムは水をほとんど必要としないので、乾燥した砂漠の環境では都合がいい。イエメンが「近代化」されると水洗トイレも導入され、それにともなって首都サヌアでは、水不足と地下水位の低下が起きている。

スウェーデンは生物由来の物質から作られるエネルギーで世界をリードしている国の一つだ。二〇〇五年から、世界で最初のバイオガス列車「アマンダ」が、リンシェーピング市（スウェーデンで五番目に大きな都市）とベステルビーク市の間の一二〇キロメートルを走っている。ベステルビークでバイオガスの元となるのは、市の下水処理場だ。リンシェーピングでは、バスとゴミ収集車もバイオガスで走っており、ガソリンスタンドで補給できる。バイオガスは市内の屠場から出る廃棄物を使って作られる。

牛糞やその他の廃棄物を使ったエネルギーは、世界中でさらに普及していて、公衆衛生の観点から、人糞を使うよりも問題が少ない。ネパールとインドでは、牛糞が一〇〇万を超える人々にエネルギーを供給している。それはエネルギーの「永遠の」王かもしれない。牛が往来で排便すれば、誰かが間違いなく見ていて、糞をさらって壁に叩きつけて乾かす。乾いてしまうと、それは結構いい燃料になる。

牛糞は木とほぼ同じ発熱量を持つ（ただしどちらも灯油が生成する熱の半分に満たない）。リャマの糞もウシのものとほぼ同じ熱量を持つ。全世界で一年間に燃料として利用される牛糞の四〇から五〇パーセントはインドで燃やされている。昔ながらの平べったくしたものは今も広く使われているが、糞を嫌気性バイオダイジェスターに通すと、エネルギー変換効率は一〇から六〇パーセント上がるようだ。ヒンドゥー教はウシを殺すことを禁じているので、インド亜大陸では今後何世代もの間、ウシの数は多く保たれるだろう。このような事情から、インドでウシの新しい仕事（廃物を食べ、燃料を作り、森林を守る）を見つけることは、このおとなしくも頑固な唯我独尊の動物を崇拝することをヒンドゥー教徒にやめさせるよりもたやすいだろう。

飼料と食料を通じた世界的な栄養分の移動は、古典的でやっかいな複雑系の問題だ。栄養循環の論理は、食べ物を食べた動物なり人間なりが出したウンコを、食べ物が作られた国に戻すべきだと言う。しかし、私たちが生物圏を積極的に管理するなら、ウンコが他の理由で役に立つ場所へ運んでやることも、ある程度理にかなっている。

例えば一九九〇年代に、オランダの起業家が約七〇〇万トンの牛糞を燃料用にインドへ輸出することを計画した。これはオランダが直面していた「多すぎるウンコ」問題のエレガントな解決法に思われた。しかしヨーロッパでは大量の抗生物質が使われていることから、糞と一緒に耐性菌が持ち込まれることをインド人は心配した。バクテリアは、抗菌薬への耐性をコードしている遺伝子も含めて遺伝物質を交換する。その際には異種間での生殖を禁じた宗教上の戒律などおかまいなしだ。このような遺伝子が、普通は問題を起こさない腸内常在菌からサルモネラ菌やカンピロバクターのような深刻な病原体へと移動することがある。耐性菌が人間のウンコからウガンダのマウンテンゴリラに広まっていることや、人間の廃棄物からの採餌行動を通じてカモメに広まる可能性があることを、研究者はすでに突き止めている。カモメはあちこちへ飛んでいき、こうしたバクテリアと、その耐性遺伝子を拡散するおそれがある。

　このオランダで提案された計画は、したがってオランダの畜糞問題とインドの燃料問題を解決できるが、抗生物質耐性を増やすことで動物と人間の病気治療を妨げるという問題も生み出しかねなかった。結局この事業は撤回された。必要は、少なくともある種の発明の母ではある。二〇〇九年のアムステルダム発の報道によれば、新しいバイオガス施設がレーワルデン近郊に開設され、牛糞、草、食品産業の「廃棄物」を使って一〇〇〇世帯以上に供給できる熱を生み出すことになったという。

　家畜の排泄物や大規模なバイオダイジェスターの国際取引は注目されやすいが、最善の解決はだいたいもっと微妙で地域の事情にあわせたものだ。インド人はウシの糞から燃料を作り出し、飼育場の持ち主はウシのウンコでコンピューターを動かし、スウェーデンの技術者は都市の廃棄物を使ってバスを走らせ、その処理に一役買っている。北アメリカの数百万人の都市住民には、何ができるだろうか？　飼い犬の後をビニール袋を持って追いかけている飼い主たちはどうだろう？　この人たちをスカウトして電力網の中に入ってもらうことはできないだろうか？

　イヌやネコも有機都市廃棄物を大量に作り出していて、そのほとんどは埋め立て地に行くか水路にしみ出している。マサチューセッツ州ケンブリッジにあるドッグ・パークは、自分たちにできる一種のパイロット・プロジェクトを立ち上げた。公園を利用する飼い主は、生分解性の袋にうんちを集めて、「パーク・スパーク」プロジェクトに渡す。アーティストのマット・マツォッタの作品であるこのプロジェクトは、うんちを分解してメタンガスを発生させ、ガス灯をともす。サンフランシスコ（この市には推定一二万匹のイヌが住んでいる）を拠点とするゴミ収集会社、ノーカル・ウェイストは、イヌの排泄物を集めてバイオ燃料にすることを提唱した。アメリカのイヌとネコ（世界のほとんどの人間より栄養豊富なものを食べている）が作り出す推定九〇〇万トンのウンコは、今後エネルギー自給に貢献するかもしれないが、国のエネルギー計画はこの件にまだ触れていないようだ。

私が本書の草稿を書いているとき、トロント市のゴミの収集に当たる職員はストライキ中だった。イヌの飼い主たちはラジオで、糞を拾わなけりゃならない（これは法律で義務づけられている）だけでなく、家に持ち帰って、ゴミ箱に放り込む以外の何らかの方法で処分しなきゃならないと言って嘆いていた。それはご苦労なことで。イヌのうんちを裏庭に埋めた涙ぐましくも臭い話を披露する人もいた。なぜ糞を、刈った草や台所のゴミと混ぜて堆肥化しないんだろう？　裏庭の土壌がとてもよくなり、臭いもなく、公衆衛生と公共の福祉にも貢献するのに。庭がないアパートやマンションの住人は、共同で堆肥を作ってもいいし、サンフランシスコのノーカルが提唱するようにバイオ燃料ビジネスを始めることもできる。私はすでにこんなバンパーステッカーを見たことがある。「私の車は犬のウンコで走る！」。

少しやり方は違うが、メキシコ湾の大事故の余波と、石油の供給が縮小する中で、イリノイ大学の農業工学教授・張源輝は、いつの日か最先端を行く英雄とされるかもしれない。彼は熱化学的な工程によって、二リットルのブタの糞を二五〇ミリリットルの石油に変えることに成功したらしい。多くはないが、まだこれからだ。

石油が高コストになっているため、畜糞を肥料としてだけでなく飼料として利用することにも関心が高まっている。ウシの第一胃に棲む微生物は窒素源を取り込んで炭水化物と合成し、タンパク質に富む飼料に変えることができるので、鶏糞をウシに与えれば穀物やタンパク質補助飼料の安価な代用品になる。これは世界各地で行なわれているが、成功したり失敗したりしているようだ。タンパク質のよい代用品として働く一方、イスラエルのある研究で、一部の鶏糞は高濃度のエストロゲンを含み、これが若いウシの正常な発育を妨げることがわかった。何かをリサイクルするとき、特に問題を拡大させるかもしれない集約的システムで行なうときは、常に優れた品質管理体制が重要だ。

畜糞を飼料として直接使うことが危険だと思われるなら、それに替わる一つの案が、畜糞でハエを養殖して、その幼虫（なんと四〇パーセントがタンパク質だ）を乾燥・加工することだ。この飼料をトウモロコシやダイズの代わりに、ウシ、ニワトリ、ブタ、魚——あるいはアヒル——に与える。前に述べたように、住民が包虫症に苦しんでいたカトマンズ近郊の肉屋は、糞とくず肉を往来で堆肥にしていた。他の住民はアヒルを飼い、「廃棄物」を食べて育った虫をアヒルが餌にした。中小規模で行なった場合、これはどちらかと言えば単純な話だ。大掛かりな商業規模でこれを行なう技術は、あまりぱっとしないこと（ハエを育てる）とハイテク（収穫チャンバーを作る、ハエ収穫後の処理など）とが混ざったものになるだろう。

畜糞を肥料やエネルギーとして使うという普通の選択肢の他に、宝石からノベルティー・プレゼントまでさまざまな奇抜な利用法が提案されている。今のところ、こうした使い道のほとんどは「隙間（ニッチ）」市場に限定されている。以前の章で紹介した下水汚泥から作った肉に商品化の見込みがあるかどうかは怪しいと思うが、「奇抜な」利用法の中には特定の背景で、また、多様性を保つ上で、重要になるものがあるかもしれない。

前の章で私は、ジャコウネコの分泌物とマッコウクジラの龍涎香が香水に使われていることに触れたが、動物の肛門から、あるいはその周辺から分泌されるものも、他にさまざまな役に立っている。シロアリの多くは蟻塚を築くために糞を（土や木と一緒に）使う。同じように、ある種の鳥（カツオドリ、ミツユビカモメ、南アメリカのアブラヨタカ、見事なほどに気取ったヘビクイワシなど）は自分の、またあるものは他の動物の糞を巣の内装に使う。さらに、驚くまでもないが、人間も排泄物の同じような使い方を試している。アフリカのマサイ族、ディンカ族、ヌエル族は、土レンガで家を建てる際、ウシの糞を一種のモルタルとして使い、ベラルーシでは小屋の屋根を葺いたわらを固めるのに牛糞が使われてきた。インドの農村地域では、糞を泥と混ぜて床材に使っている。糞に含まれる腸内細菌と未消化で残った繊維によって滑らかで丈夫な床ができ、泥だけよりも埃が立ちにくいのだ。インドネシアでは EcoFaeBrick という企業が牛糞でレンガを作っている。これは粘土のレンガより二〇パーセント軽く、二〇パーセント強度が高く、農家の収入増につながると言われている。

化石燃料は実にさまざまなプラスチック材料の製造に使われ、病院で欠かせないもの（使い捨ての針、点滴バッグ）、カフェテリアや教室にありふれたもの（プラスチックの椅子）、動物の皮より化石燃料で作った化繊のジャケットを好むバックパッカーやハイカーにとって理想のものになっている。北アメリカで消費される石油の約五パーセントがプラスチックを作るために使われる。こうしたプラスチックの少なくとも一部は、排泄物から作ることができる。カリフォルニアの企業マイクロマイダスは、廃水と下水汚泥からプラスチックを作る商用プロセスを開発した。

もう一つの展開は、二〇〇七年に日本の研究者、国立国際医療センター研究所の山本麻由が、牛の糞からバニラの香り成分バニリンを抽出してイグ・ノーベル化学賞を受賞したことだ。一時間の加熱と加圧のプロセスには、バニラビーンズからバニラを抽出する半分以下のコストしかかからない。ほとんどの合成バニリンは石油化学物質から作られる。だが、バニリンを作るのに用いられるリグニンは、草食動物（主に反芻動物）の糞にも入っている。世界中の家畜の糞の量と、私たちがピークオイルを通り過ぎてしまったことを考えれば、こういうバニラの作り方も興味深く思えるだろう。だがプリンを作るときには、このことを考えないようにしよう。

前に述べたように、ゾウは食べたものの四〇パーセントしか消化せず、一日に一〇〇キログラムの糞をする。六〇パーセントの不消化または半消化物は当然再利用できるし、実際されている。イボイノシシはゾウの糞を食べる。ゾウ自身も食べることがある（本当に空腹なら）。また、ゾウの糞は紙を作るのに使える。カンガルーの糞も同じだ。これならゾウの糞がないところでも、豊富に手に入る。象糞紙は、他の動物から作った類似商品とは違い、環境に優しいことを自任する人たちの間で評判になった。これはたぶん、ゾウがバーベキューにふさわしい動物だと考えられていない（その通りだと私は思う）のと、私たちが熱帯雨林を守ろうと力を合わせたことで、期せずして東南アジアの使役ゾウの多くを失業させてしまったからだろう。

タイ象保護センターは、タイ北部の都市チェンマイの南、緩やかに起伏する乾燥した丘にある。国境なき獣医師団のあるプロジェクトをチェックするためにここを訪問した私は、ゾウの糞がどう扱われているか調べずには帰れなかった。糞は、ゾウの保護センターということから想像される通り、大量にあった。壁に掛かった大きな丸い黄色の表示には、次のように書かれていた（まったく原文通りだ）。

ゾウを救うには？

1. 糞は洗ってから煮て、バクテリアを完全に殺す。思うほど嫌なものではない。ゾウの糞は臭くない！
2. 環境に影響のない弱い漂白剤を加える。
3. 最大三時間かき回して繊維を切り、染料も加える。
4. 三〇〇グラムのボール状——枠いっぱいに広がる量——に丸める。和紙は同じようなやり方で作られている。
5. 枠を日なたで自然に乾燥させる。ゾウの食べたものによってきめが違うので、全く同じ紙は二つとない！

6．砂で表面を優しく磨いて滑らかにし、書けるようにする。地元の人々がいろいろな製品に加工する。

一頭のゾウは一日に紙一一五枚分の糞を供給すると言われている。世界には推定五〇万頭のゾウがいるので、したがって一日に五〇〇〇万枚分以上のうんちを供給できるだろう。あらゆる技術と同じように、「スケールアップ」してゾウの糞を紙の大規模生産に回せば、それだけの糞をゾウが棲む生態系から奪うことになる。つまりは糞虫を含めた他の動物の餌を奪い、おそらくその生態系全体が劣化する結果を招くだろう。それでも、ゾウの保護区の近くで暮らす人々の家内工業としては魅力的である。

二〇〇二年、『ナショナル・ジオグラフィック』は、リャマの糞を水の濾過に使うことを検討する予備研究について報じた。ボリビアの研究者は、リャマの糞にデスルフォビブリオ属の微生物が含まれていることを発見していた。これは酸性の水を中和し、亜鉛、鉛、銅、鉄、アルミニウムなど、溶けている金属の除去をうながすという驚くべき能力を持つ。銀鉱山やスズ鉱山から流出する水は、リャマの糞を満たした池を通って流される。イギリスでも、ニューカッスルの古い鉱山から出る水を、ウシとウマの糞を使って濾過するという同様の予備研究が行なわれている。

糞の使い道についてはさまざまな研究が行なわれており、中には技術的可能性を持つものもあるが、ウンコが燃料と肥料以外のものになるか、私はまだ確信を持てずにいる。だが未来世紀の人々は私のことをクリエイティブな考えができず、きわめて創意に富んだ我ら人類の革新にほとんど期待しなかったバカな年寄りと考えるかもしれない。先のことはわからない。バイオプラスチック製のウンコ燃料で動くコンピューターができるかもしれない。全力で取り組みさえすれば、いろいろなことが可能になる。もっとも大きな危険は、自分たちが唯一の解答を見つけたと思い、その規模を拡大して、世界に押しつけはしないかということだ。過去数十年で複雑な社会－生態学的システムの研究から何かわかったとすれば、それは市民参加と、世界に何か介入した結果生じるさまざまな影響を知ることと、地域に合った適応力のある解決法をいくつも考え出すことの組み合わせによってのみ、持続可能な共生社会が地球上に実現するということだ。カナダのエナモーダルのような「グリーン」エンジニアリング企業は、これら複雑な問題に対処するために、さまざまな段階で必要な戦略を組み合わせることへの認識を深めている。

都市のための解決策は、堆肥化、エネルギー生産、「中水」（シャワーなどに使った水）のトイレへの再利用、節水型の便器やシャワー、従来型の処理施設の多様な組み合わせとなるだろう。農業については、すでに同じテーマでいろいろと見てきた。

私たちが共に築き上げている物語の中では、すべての人間が共謀関係にあり、内部にいくつもの階層がある。私がカトマンズで見た共同ゴミ捨て場で排便していた少女と、映画『スラムドッグ$ミリオネア』の中で映画スターのサインをもらうために便槽に飛び込んだムンバイの少年は、同じ太陽系に住んでいる。この同じ世界で、バンコクの空港の男子トイレでは便器の上にランの花が飾られているのを私は見ることができ、同じ地球村にあるジャカルタのスラム住民は、部分的に消化された隣人の夕食が側溝を流れていくのを見ることができる。そしてまたこの世界には、洞窟のような下水道網があり、その中にニューヨークの善良なる市民はウンコ、薬、腸を通過したものを何もかも流している。

巨大なバイオダイジェスターを夢見る人がいて、ハイテクなバニラや発電するトイレを作っている人がいて、鶏糞や人糞を堆肥にして庭に撒く人がいる。このごたまぜの時間軸のいいところは、人類全体として見れば、世界のどこかに排泄物問題の解決に必要なすべてのアイディアと技術があると確信できることだ。私たちの明るく環境に優しい未来は、コルカタの小さな子ども、カリフォルニアの若い技術者、あるいはドイツの農民の手と心にあるのかもしれない。私たちの身体が織り込まれた自然というタペストリーは、すり切れ、虫が喰い、色あせているかもしれないが、糸はまだそこにあり、私たちにはその意味を理解できないかもしれないが、最初にそれを織った織工ギルドのメンバーはまだ大勢生きていて、本来の生き生きした色を再現することが可能なのだ。

我々の技術がどんなに優れていようと、それが効果を発揮し役に立つのは、適切な社会‐生態学的背景に合わせて設計され、その中で使われるときだけだ。大事な問題は「私たちはウンコを基礎とする新しい技術を設計できるか？」ではない（当然できる）。「自分たちが考えだすどのような技術も、人類にとって住みやすい地球の繁栄と持続のために役立たせるように、私たちはみずからを立て直すことができるか？」だ。

ホロノクラシー的市民という二一世紀の概念は、何百万という植物、動物、バクテリアが相互依存し共進化する驚くべきパナーキーに人類が属していることを認め、同時に人間の文化の豊かさと発想力を認識するものだ。私たちはそのようなものを創造できるだろうか？　何を食べ、ウンコをどう扱うかが市民として本質的な行為であり、投票と同じくらい重要であることを、私たちは自由に、そして公然と認めることができるだろうか？　私はこれらすべての答えが「イエス」であると信じている。

農民は未来の価格と気候を予想するとき、そこに至るように環境を再構成し、それによって未来を変えている。その予想した未来がモノカルチャーと安定にもとづくものだったら――未来が過去の延長だったら――農民は壊滅的な打撃を受けるだろう。この未来がいかようにも変わる――私たちには未来のある形を予想することができ、そうすることで今日の行動で未来を変えられる――ことの救いは、ウンコを、不確かさを、複雑性を理解すれば、未来の世代のためにかなりいい選択ができる見込みが十分にあるということだ。

政府、民間企業（大小を問わず）、一般市民を結びつける実践コミュニティを作り、家庭や農場から地域・地方の首長、さらには国際機関の代表まで、階層をまたいだ刺激的な議論に自分がいっそう深く関わっていくのを私は感じている。

自己と他者、地域と世界、生態系保全と生態系改変、専制と無秩序、覇権と分裂を分ける細い線の上で、私たちは人生を歩んでいる。友人や、地域コミュニティや世界中の実践コミュニティの仲間と語るとき、自分が目覚めつつあるホロノクラシーの一員であることを、心底から感じる。

我々はできる。間違いなく（ノー・シット）。

＊1——私が生物（動物、人間、植物）の多様性のことだけを言っているのではないことに注意してほしい。関係とフィードバックの多様性が復元力のために重要なのだ。

＊2——この調査については、人間と他の動物に共通する病気の生態学と進化に関する拙著 *The Chickens Fight Back* (Vancouver: Greystone Press, 2007) で詳述した。これについて深く掘り下げた専門的分析を希望する読者は、*The Ecosystem Approach: Complexity, Uncertainty and Managing for Sustainability* (New York: Columbia University Press, 2008) および *Ecosystem Sustainability and Health* (Cambridge: Cambridge University Press, 2004) を参照されたい。

Livestock's Long Shadow : Environmental Issues and Options. Rome : Livestock, Environment and Development (LEAD) and Food and Agriculture Organization of the United Nations (FAO). [21世紀における畜産業の有益な概観]

Tarr, J.A. 1975. "From City to Farm : Urban Wastes and the American Farmer." *Agricultural History* 49 (4) : 598-612. [指針となる州法規を含むアメリカにおける人糞の農業利用に関する概要]

Tarr, J.A., J. McCurley III, F.C. McMichael, and T. Yosie. 1984. "Water and Wastes : A Retrospective Assessment of Wastewater Technology in the United States, 1800-1932." *Technology and Culture* 25 (2) : 226-263. [衛生工学に関わる職業の発生を含めた、アメリカにおける下水システムの発達についての、網羅的、詳細で情報源の確かな報告]

Waltner-Toews, D., J. Kay, and N. Lister. 2008. *The Ecosystem Approach : Complexity, Uncertainty, and Managing for Sustainability.* New York : Columbia University Press.

Weiss, M.R. 2006. "Defecation Behavior and Ecology of Insects." *Annual Review of Entomology* 51 : 635-661. [排便に関わる昆虫の行動を幅広く記述した優れた記事。興味深い事例が満載]

Wotton, R.S., and B. Malmqvist. 2001. "Feces in Aquatic Ecosystems." *BioScience* 51 (7) : 537-544. [水生生息地での糞便のさまざまな側面を概説した好記事]

141 (6) : 1461-1474.
Ontario Ministry of Agriculture, Food, and Rural Affairs (OMAFRA). 2005. *Manure Management. Best Management Practices 16E* (https://www.publications.serviceontario.ca/ecom/MasterServlet/GetItemDetailsHandler?iN=BMP16E&qty=1&viewMode=3&loggedIN=false&JavaScript=y). [OMAFRA は「栄養管理計画」と「下水バイオソリッド」の最前線の管理手法を公開していることも注目に値する。いずれもこの問題に関係するものである]
Plain, R., J. Lawrence, and G. Grimes. 2012. "The Structure of the U.S. Pork Industry." *Pork Information Gateway* (http://www.porkgateway.org/PIGLibraryDetail/PF/1869.aspx#.UHRFiBgaCiY).
Platek, B. 2008. "Through a Glass Darkly : Miriam Greenspan on Moving from Grief to Gratitude." *The Sun Magazine* 385 : 8.
Public Health Agency of Canada. 2000. "Waterborne Outbreak of Gastroenteritis Associated With a Contaminated Municipal Water Supply, Walkerton, Ontario, May-June 2000." *Canada Communicable Disease Report* 26 (20) (http://www.phac-aspc.gc.ca/publicat/ccdr-rmtc/00vol26/dr2620eb.html).
Putman, R.J. 1983. "Carrion and Dung : Decomposition of Animal Wastes." *Studies in Biology* 156. London : Edward Arnold Publishers Limited. [糞虫と分解プロセスについての解説]
Reading, N.C., and D.L. Kasper. 2011. "The Starting Lineup : Key Microbial Players in Intestinal Immunity and Homeostasis." *Frontiers in Microbiology* 2 : 148 (http://www.frontiersin.org/Cellular_and_Infection_Microbiology_-_closed_section/10.3389/fmicb.2011.00148/full)
Rockefeller, A. 1996. "Civilization & Sludge : Notes on the History of the Management of Human Excreta." *Current World Leaders* 39 (6) : 99-113. [下水システムの発達についての概説]
Sanderson, H., B. Laird, L. Pope, R. Brain, C. Wilson, D. Johnson, G. Bryning, A. Peregrine, A. Boxall, K. Solomon. 2007. "Assessment of the Environmental Fate and Effects of Ivermectin in Aquatic Mesocosms." *Aquatic Toxicology* 85 : 229-240.
Schoouw, N.L., S. Danteravanich, H. Mosbaek, J.C. Tiell. 2002. "Composition of Human Excreta : A Case Study from Southern Thailand." *The Science of the Total Environment* 286 : 155-166.
Statistics Canada. 1996. "Estimated Livestock Manure Production. A Geographic Profile of Manure Production in Canada." Catalogue No. 16F0025XIB (http://www.statcan.gc.ca/pub/16F0025X/manure-fumier/4225578-eng.pdf).
Steinfeld, H., P. Gerber, T. Wassenaar, V. Castel, M. Rosales, and C. de Haan. 2006.

George, R. 2008. *The Big Necessity : Adventures in the World of Human Waste.* London : Portobello Books.
ローズ・ジョージ『トイレの話をしよう　世界65億人が抱える大問題』大沢章子訳、NHK出版、2009［人間の排泄物処理の革新に尽力する人々を描いた傑作ノンフィクション］

Graves, R. 1955. *The Greek Myths. Volume 2.* Baltimore : Penguin Books.

Grove, R. 1976. "Coprolite Mining in Cambridgeshire." *Agricultural History Review* 24 (1) : 36-43.

Hanley, S.B. 1987. "Urban Sanitation in Preindustrial Japan." *Journal of Interdisciplinary History* 18 (1) : 1-26.［日本において肥料としての屎尿に与えられた価値と、その歴史的重要性を示す］

Hanski, I., and Y. Cambefort, eds. 1991. *Dung Beetle Ecology.* Princeton : Princeton University Press.［糞虫についての網羅的な本］

Jackson, W. 2003. "The Story of Civet." *The Pharmaceutical Journal* 271 : 859-861.

Kauffman, S. 1995. *At Home in the Universe : The Search for the Laws of Self-organization and Complexity.* New York : Oxford University Press.
スチュアート・カウフマン『自己組織化と進化の論理　宇宙を貫く複雑系の法則』米沢富美子監訳、森弘之・五味壮平・藤原進訳、筑摩書房、2008

Key, N., and W. McBride. "The Changing Economics of U.S. Hog Production." *Economic Research Report* No. (ERR-52) 45 pp, December 2007 (http://www.ers.usda.gov/publications/err-economic-research-report/err52.aspx).

Lewin, R.A. 1999. *Merde : Excursions in Scientific, Cultural, and Socio-historical Coprology.* New York : Random House.［さまざまな種の排泄物に関する知識を集めた名著］

Lavery, T., R. Roudnew, P. Gill, J. Seymour, L. Seuront, G. Johnson, J.G. Mitchell, V. Smetacek. November 22, 2010. "Iron Defecation by Sperm Whales Stimulates Carbon Export in the Southern Ocean." *Proceedings of the Royal Society B : Biological Sciences.* 277 (1699) : 3527-3353.

Madsen, M., B. Overgaard Nielsen, P. Holter, O.C. Pedersen, J. Brøchner Jespersen, K-M. Vagn Jensen, P. Nansen, and J. Grønvold. 1990. "Treating Cattle with Ivermectin : Effects on the Fauna and Decomposition of Dung Pats." *Journal of Applied Ecology* 27 (1) : 1-15.

Mather, E., and J.F. Hart. 1956. "The Geography of Manure." *Land Economics* 32 (1) : 25-38.［世界の畜糞利用に関する興味深い記事］

Nichols, E. S. Spector, J. Louzada, T. Larsen, T. Amezquita, M.E. Favila. 2008. "The Scarabaeinae Research Network : Ecological Functions and Ecosystem Services Provided by Scarabaeinae Dung Beetles." *Biological Conservation*

参考文献

より深く掘り下げ、鼻をつまんで飛び込もう

以下は本書の執筆に当たって私が使った参考書の一部を選んだものである。参考文献、写真、図表、計算など、さらに詳しい資料を希望する読者は、著者のウェブサイト davidwaltnertoews.com で見ることができる。多くの人へのインタビュー、また私自身の研究や、世界中にいる同僚の未発表の研究から引用している。問題がなければその旨を明記したが、中には自分の素性や働いているコミュニティを明らかにすることを望まない人もいた。

American Society of Agricultural Engineers (ASAE). 2003. "Manure production and characteristics" (http://www.manuremanagement.cornell.edu).

Barnes, D.S. 2005. "Confronting Sensory Crisis in the Great Stinks of London and Paris." In *Filth : Dirt, Disgust, and Modern Life*, ed. W.A. Cohen and R. Johnson, 103-131. Minneapolis : University of Minnesota Press.

Bourke, J.G. 1891. *Scatalogic Rites of All Nations*. Washington : W.H. Lowdermilk & Company. ［糞尿に関わる文化的慣習の一覧］

Brown, A.D. 2003. *Feed or Feedback : Agriculture, Population Dynamics, and the State of the Planet*. Utrecht : International Books. ［現在および歴史的な農業慣行での栄養分の流れを分析する上で有益］

Chame, M. 2003. *Terrestrial Mammal Feces : A Morphometric Summary and Description*. Rio de Janeiro : Memórias do Instituto Oswaldo Cruz 98 (Suppl. I) : 72-94(http://www.scielo.br/scielo.php?pid=S0074-02762003000900014&script=sci_arttext&tlng=en). ［動物の糞の識別に役立つ］

Claiborne, R. 1989. *The Roots of English : A Reader's Handbook of Word Origins*. New York : Doubleday.

Darimont, C.T., T.E. Reimchen, H.M. Bryan, and P.C. Paquet. 2008. "Faecal-Centric Approaches to Wildlife Ecology and Conservation : Methods, Data, and Ethics." *Wildlife Biology in Practice* 4(2) : 73-87.

Deutsch, L., and C. Folke. 2005. "Ecosystem Subsidies to Swedish Food Consumption from 1962-1994." *Ecosystems* 8(5) : 512-528.

Flannery, T. 2007. *Tim Flannery : An Explorer's Notebook : Essays on Life, History, and Climate*. Toronto : HarperCollins Publishers Ltd., 202-203.

訳者あとがき

多くの人は食べ物、それを育む環境、生産者、調理人に関心を持ち、敬意や感謝の念さえ抱く。ところが食べたものが体内を通過して再び姿を現わすと、とたんに軽視し、忌み嫌うようになる。なるべく見ないように、関わり合いにならないようにすぐに水に流して、きれいさっぱり忘れ去ろうとする。無理もないことだ。それは臭いうえに、病気の元になる不潔なものだと教えられてきたし、実際そうなのだから。水洗トイレは清潔で、嫌な匂いや虫の発生、感染症や寄生虫の蔓延から私たちを解放してくれた。後戻りは考えられない。

ところが身の回りから排泄物を排除しようとすればするほど、それはどこかに山積みになったり、あるいは環境に漏れだして広がったりして、さらに問題が大きくなる。動物性タンパク質を安く大量に手に入れるために家畜の数を増やすと、その糞も加わってなおさらやっかいな問題となる。本書は、排泄物を言語と文化、衛生、生態学、エネルギーとさまざまな視点から捉え、多面的に理解することで、そのジレンマに挑むものだ。

著者のデイビッド・ウォルトナー＝テーブズは獣医師、疫学者、作家、詩人とさまざまな顔を持ち、ポピュラーサイエンス、小説、詩など多彩なジャンルにわたって数多くの著作がある。また「国境なき獣医師団」の創設者としてアジア、アフリカ、ラテンアメリカなど世界各地で、動物のみならず人間の健康と生活の向上、コミュニティの持続可能な開発、貧困の解消にたずさわってきた。その作家としての感性、科学者としての洞察、実務家としての経験は本書の中に存分に生かされている。

著者はまず、専門家と一般市民の間で、排泄物を指す共通の言語がないことを取り上げ、それが問題解決が難しくなる原因の一つだと述べる。それを意味するさまざまな語を語源や歴史的経緯にまで遡って検討した上で、本書の中で排泄物を指す言葉としてもっとも多く使われているのが「シット(shit)」という俗語だ。排泄物そのものを意味するだけでなく、罵倒語や強調語として使われるところなどは、日本語の「クソ」にかなり近いが、より下品でタブーとされる語だ。「クソ」と訳してしまうと、排泄物の生々しさが伝わりにくいように思われたため、訳文では主に「ウンコ」としている(訳者がこんなに「ウンコ」を連発したのは小学生のとき以来かもしれない)。

原題の *The Origin of Feces*(『糞便の起源』)はチャールズ・ダーウィンの歴史的名著 *The Origin of Species*(『種の起源』)をもじったものだ。まさにこの本は、ウンコというものの素性を生物進化の起源にまで遡って解き明かし、それが生態系の中で占める位置と持つ意味を明らかにする。ウンコが解決すべき問題となるのは、それ自体の性質によるよりも、むしろ人類とウンコの、ひいては環境との関係が変わったからだ。人間がそれを処理すべき廃物という観点からしか見ないことで、排泄物が土に帰り、その養分が新しい生命を育むという生命の誕生以来続いてきた循環を、至る所で断ち切っていることから問題は発生している。かといって水洗トイレの恩恵を手放し、昔のように人糞と畜糞を肥料とすることに、私たちは耐えられるだろうか?

ウォルトナー＝テーブズはここで、いくつかの処方箋を提示している。それは自然の循環を取り戻しながら、決して公衆衛生や快適性を損なうものではない。それどころかピークオイル、つまり石油の産出量がピークに達して下降へと向かうことが避けられない今、未来のエネルギー問題も見据えたものだ。この一石で鳥を何羽も落とすような解決法も、ウンコが持つ多様性、多面性を知り尽くしてこそ得られるものだろう。

著者はこのように言う。「高邁な哲学や宗教的ビジョンがあろうと、私たちはウンコをしないわけにはいかないのだ」（二二四ページ）。だが、この本でウンコが環境の中で持つ意味や、未来に向けて果たす役割を知れば知るほど、それ自体が一つの哲学のように思えてくる。その哲学はウンコに対して、感謝や敬意を抱かせるところまではいかなくても、それが自分自身を含めた生態系の中で、必要不可欠な存在だと認識させる。これこそが次の世代、そのまた次の世代が繁栄していくために必要なものとして、著者が意図したものではないかと思う。

【著者紹介】

デイビッド・ウォルトナー＝テーブズ（David Waltner-Toews）

グエルフ大学名誉教授。獣医師、疫学者、作家、詩人と多彩な顔を持ち、「国境なき獣医師団」創設者として、動物と人間の健康、コミュニティの持続可能な開発、貧困の解消に取り組んでいる。その著書はノンフィクション、小説、詩など多岐にわたる。福島第一原子力発電所での事故直後の2011年4月には、著書 *Food, Sex, and Salmonella*：*Why Our Food is Making Us Sick* の1章「チェルノブイリ後の食物連鎖における放射性物質汚染」が、サイエンス・メディア・センターによって邦訳・公開されている（http://smc-japan.org/?p=1620&cpage=1）。

【訳者紹介】

片岡夏実（かたおか　なつみ）

1964年、神奈川県生まれ。主な訳書にマーク・ライスナー『砂漠のキャデラック　アメリカの水資源開発』、エリザベス・エコノミー『中国環境リポート』、デイビッド・モントゴメリー『土の文明史』、トーマス・D・シーリー『ミツバチの会議』（以上、築地書館）、ジュリアン・クリブ『90億人の食糧問題』、セス・フレッチャー『瓶詰めのエネルギー　世界はリチウムイオン電池を中心に回る』（以上、シーエムシー出版）など。

The Origin of Feces
What Excrement Tells Us About Evolution, Ecology, and a Sustainable Society
by David Waltner-Toews

Japanese translation rights arranged with
Acacia House Publishing Services Ltd.,
through Japan UNI Agency, Inc., Tokyo

Translated by Natsumi Kataoka
Published in Japan by Tsukiji-Shokan Publishing Co., Ltd., Tokyo

---

排泄物と文明

フンコロガシから有機農業、香水の発明、パンデミックまで

2014 年 5 月 20 日　初版発行

著者　デイビッド・ウォルトナー＝テーブズ
訳者　片岡夏実
発行者　土井二郎
発行所　築地書館株式会社
東京都中央区築地 7-4-4-201　〒 104-0045
TEL 03-3542-3731　FAX 03-3541-5799
http://www.tsukiji-shokan.co.jp/
振替 00110-5-19057
印刷・製本　シナノ印刷株式会社
装丁・装画　中西一矢（CULINAIRE）

ISBN 978-4-8067-1476-7　C0045